NOUVEAU TRAITÉ DE LA SPHERE,

OU L'ON EXPLIQUE D'UNE
maniere claire & simple tout ce qui a rapport à cette Science :

AVEC UN DISCOURS

SUR LES ECLIPSES,

Tant du Soleil & de la Lune que des autres Aſtres.

Cœli enarrant gloriam Dei, & opera manuum ejus annuntiat firmamentum. Pſalm. 18. ỹ. 1.

A PARIS,

Chez **DEBURE** l'aîné, Quai des Auguſtins
à l'Image S. Paul.

M. DCC. LV.

Avec Approbation & Privilége du Roi.

TABLE

DES CHAPITRES.

a ij

Fin de la Table des Chapitres.

APPROBATION

DU CENSEUR ROYAL.

J'Ai lû, par ordre de Monseigneur le Chancelier, & approuvé un manuscrit qui a pour titre : *Nouveau Traité de la Sphère, avec un Discours sur les Eclipses.* A Paris ce onziéme Mai mil sept cens cinquante-cinq.

LA CHAPELLE, Membre de la Société Royale de Londres.

Le Privilége se trouvera imprimé à la suite de la nouvelle édition des Réflexions Chrétiennes sur les grandes vérités de la Foi, &c.

DISCOURS

DISCOURS

PRELIMINAIRE.

L'Etude de la Sphère n'est
autre chose que la connoiſſance des cercles, qui ſervent à
expliquer la mécanique des principaux mouvemens céleſtes qui ſe
font tous les jours ſous nos yeux,
& à déterminer quelles ſont les
apparences & la ſituation des
différentes régions de la terre par
rapport à ces mêmes mouvemens.
C'eſt ce que ſignifie préciſément
le mot de *Sphère*, qui vient du
mot Grec Σφαῖρα, qui veut dire
Cercle.

Pour rendre cette étude & ces
connoiſſances plus ſenſibles, les
Aſtronomes ont inventé une machine ou inſtrument dans lequel
tous ces mouvemens ſe trouvent

rassemblés, & qui peut servir en les exposant à la vûe, à les concevoir & retenir plus facilement; & ils ont jugé à propos de donner à cet instrument le nom de *Sphère armillaire* du mot Latin *armilla*, qui signifie *bracelet*, ou plûtôt *cercle*, ou *ceinture*, à cause de tous les cercles qui entrent dans sa composition.

Il seroit trop long de faire ici le détail de tous les avantages qu'on retire de l'étude de la Sphère : cependant comme c'est une espéce d'hommage qui est dû aux Sciences que l'on a entrepris de traiter, je vais exposer quelques-uns de ces avantages ; ils suffiront pour donner une idée favorable de cette partie de l'Astronomie, dont tous les hommes devroient avoir quelque connoissance. C'est par le secours de la Sphère que l'on peut apprendre quels sont les différens mouvemens du soleil, c'est-à-dire, de cet aftre divin, qui nous donne une fi belle idée de la puiffance & de la majefté de l'Auteur de ce vafte Univers, & dans lequel, pour me fervir des termes mêmes de l'Ecriture, Dieu femble avoir fixé fa demeure (*a*); de ce corps majeftueux & éclatant, pere des faifons, des années & des jours, qui fuivant régulierement les loix conftantes de la mécanique la plus parfaite, roule depuis fix mille ans avec tant d'uniformité fur nos têtes. C'eft par elle que l'on connoît, pourquoi les jours auffi-bien que les nuits fe fuccédent alternativement les uns aux autres avec un fi bel ordre & une fi parfaite harmonie : pourquoi ces mêmes jours font plus longs dans un tems de l'année que dans un autre ; & pourquoi au contraire certains Peuples les ont toujours égaux. Ce n'eft que par

(*a*) *In fole pofuit Tabernaculum fuum.* (Pfalm. 18. ⅴ. 6.)

A iij

l'étude de cette science , que nous pouvons fçavoir pourquoi le foleil eſt tantôt plus près & tantôt plus éloigné de nous , & pourquoi l'on voit fuccéder par une viciſſitude ſi charmante & ſi admirable les douceurs du Printems aux rigueurs de l'Hiver , & la température de l'Automne aux chaleurs brûlantes de l'Eté. C'eſt elle qui nous apprend , pourquoi certains habitans de la terre ſont plongés pendant ſix mois entiers dans les ténébres (*b*) , & n'ont pas pendant tout ce tems - là la confolation de jouir un feul moment de la vûe du foleil , que nous avons le bonheur de voir ici tous les jours. Il eſt vrai qu'ils n'y perdent rien , & que par une alternative équitable , cet aſtre pour

(*b*) Ces mots ne doivent point être pris à la lettre : on fçait que fous les cercles polaires les aurores & les crépufcules diminuent confidérablement la durée des longues nuits qu'on devroit y éprouver.

les récompenser demeure un pareil espace de tems sur leur horison sans les quitter pendant tout ce tems-là, & y cause un jour aussi long que l'avoit été auparavant leur nuit : c'est cette même Sphère, qui nous en fait connoître la cause. C'est elle qui explique, pourquoi il y a certains climats où le soleil darde toujours à plomb ses rayons, & brûle continuellement les peuples qui les habitent ; pourquoi certains endroits de la terre ont alternativement pendant la même année deux Hivers & deux Etés; & pourquoi d'autres au contraire souffrent presque sans discontinuer les rigueurs d'un Hiver rude & presque insupportable. Enfin elle nous apprend quels sont les climats heureux qui respirent presque toujours un air tempéré, & quelles sont les causes de toutes ces diversités.

Ainsi l'on voit que cette science n'est pas moins utile que curieuse;

à quoi j'ajoûterai qu'elle eſt tout-à-
fait digne de l'eſprit humain, puiſqu'elle eſt unie intimément, &
qu'elle ſert comme d'introduction
à l'Aſtronomie : je veux dire, à cette
ſcience preſque divine, qui fondée ſur des principes conſtans &
ſur des régles invariables, nous apprend à connoître & à meſurer avec
la plus parfaite exactitude les gran-
deurs, les diſtances & les révolutions des Planetes, à prédire les
inſtans de leurs conjonctions &
de leurs oppoſitions, & à déterminer en général tous les mouvemens de ces corps céleſtes, qui
circulent dans le Ciel avec tant de
régularité & avec une ſi admirable
harmonie. Quand la Sphère n'auroit au-deſſus des autres ſciences
que le ſeul avantage d'être compagne inſéparable de l'Aſtronomie,
elle deviendroit par cela ſeul infi-
niment eſtimable. Qu'y a-t'il en
effet de plus digne de notre at-

tention , que la confidération de ces magnifiques ouvrages que Dieu a formés ? que la contemplation de ce vafte Firmament qui nous annonce à chaque inftant la gloire & la puiffance de Dieu ? Quel merveilleux fpectacle de voir continuellement ces aftres brillans & lumineux fufpendus fi admirablement au-deffus de nos têtes, fe gouverner par des loix toujours conftantes & toujours invariables ; de voir ces vaftes mondes mobiles & ambulans, fe mouvoir avec une régularité toujours uniforme dans le plan des mêmes cercles fans fe déranger d'un côté ni d'un autre,& achever leurs révolutions dans des tems fixes, fans jamais paffer au-delà des bornes qui leur ont été prefcrites ? Quelle plus belle matiere à réflexions que cette étendue immenfe & prefque infinie des Cieux que l'efprit humain peut à peine concevoir , & qui femble

A v

n'avoir d'autres bornes que celles de notre imagination ? Quoi de plus beau & de plus majestueux que cet admirable Firmament dans lequel les étoiles, comme autant de petits soleils, se trouvent si merveilleusement rangées ! Quelle beauté dans leur lumiere ! Quelle infinité dans leur nombre ! Quel concert admirable, & quelle harmonie charmante dans tous ces corps célestes ! Avec quelle régularité & quelle exactitude toutes ces étoiles gardent toujours entr'elles la même situation, la même distance & les mêmes rapports !

Ces grands & magnifiques ouvrages sont sans doute des témoignages bien éclatans de la grandeur & de la puissance de Dieu ; mais quelle gloire en même tems pour l'esprit humain d'avoir pû soumettre, pour ainsi dire, les loix par lesquelles ils se gouvernent à des calculs exacts, & d'avoir sçû prédire avec autant d'exactitude que de régularité, tous ces différens mouvemens des cieux, & déterminer les tems précis de leurs révolutions ! Quel honneur pour les Aftronomes, d'avoir pénétré par des obfervations infatigables dans des lieux qui paroiffoient inacceffibles aux hommes & d'avoir par un travail affidu & des calculs prefque continuels, trouvé l'art de dévoiler des myfteres prefque impénétrables! En effet fi l'expérience ne nous en convainquoit tous les jours, nous n'aurions jamais pû nous perfuader que les hommes euffent pû arriver à ce point de perfection, de prédire comme ils font avec la précifion la plus fcrupuleufe les inftans des conjonctions & oppofitions du foleil, de la lune & des autres Planetes, le tems précis, la durée & la grandeur de leurs éclipfes.

A vj

Telle est l'importance & la beauté de l'Astronomie, & telle est la gloire de la Sphère de lui servir comme de guide & de compagne inséparable ; à quoi j'ajoûterai encore, que cette derniere science est absolument nécessaire pour l'étude de la Géographie, c'est-à-dire, pour la science qui nous apprend à connoître les rapports qu'ont les unes avec les autres les différentes parties de la terre que nous habitons : car il est certain qu'on ne peut avoir une connoissance exacte de la situation de ces parties, qu'après avoir établi le rapport qu'elles ont avec les autres parties de l'Univers (c). Mais afin de procéder

(c) Nous avons sur la Géographie plusieurs excellens Traités ; mais pour étudier les élémens de cette Science, on ne peut mieux faire que de lire l'Abregé de M. l'Abbé *Lengles Dufresnoi*, qui a pour titre, *Géographie abrégée par Demandes & par Réponses*, &c. Ce petit Traité qui est fait principalement pour

avec quelque ordre dans l'étude de cette science, voici le plan que je me suis proposé de suivre.

1°. Je commence par donner quelques définitions de Géometrie, dont la connoissance est nécessaire pour l'étude de la Sphère.

2°. Après cela j'établis quelques observations générales, qui doivent nécessairement précéder cette même étude, & qui peuvent dailleurs donner une idée générale du monde.

3°. J'examine ensuite ce qui a donné occasion aux Astronomes d'imaginer les différens cercles, dont la Sphère est composée.

4°. Quels sont les différens points, lignes & cercles de la

les jeunes gens, & qui contient les principes de la Géographie, tant ancienne que moderne, est écrit avec beaucoup d'ordre & de précision ; & peut même suffire aux personnes qui ne veulent pas étudier cette Science à fond. Il se vend à Paris, chez *Debure* l'aîné & *N. Tilliard*, Libraires, Quai des Augustins, à St. Paul & à St. Benoît.

Sphère célefte, leurs proprietés
& leur ufage. Je traite dans ce
même Chapitre des différentes pofitions de la Sphère, des cercles
diurnes, de la caufe de la varieté
des jours & des nuits par toute
la terre, & pourquoi on les voit
croître & diminuer inégalement
en différentes faifons de l'année.

5°. Je traite des points, lignes
& cercles de la Sphère confidérés
fur le Globe terreftre ; & je parle
à cette occafion des cercles de
longitude & de latitude, & des
différens climats de la terre.

6°. J'examine les différentes
manieres dont on peut confidérer
les habitans de la terre, foit par
la diverfité des zones, foit par
celle des ombres, &c.

7°. Enfin je donne en peu de
mots quelques ufages de la Sphère
artificielle.

NOUVEAU
TRAITE
DE LA SPHERE.

CHAPITRE PREMIER.

Définitions de Géometrie néceſſaires pour l'intelligence de l'étude de la Sphère.

POUR donner une idée diſtincte & préciſe des termes & des définitions qui ſont le plus en uſage dans la Géometrie, il faut obſerver que l'objet de cette ſcience eſt de conſidérer la matiere par rapport à ſon étendue, & d'examiner la figure des différens corps qui ſont dans l'Univers. Parmi ces corps, les uns ont une figure réguliere, comme les *Sphériques*, les *Cubiques*, & quel-

ques autres qui sont appellés réguliers ;
parce qu'ils présentent toujours la même forme de quelque côté qu'on les
considere : les autres ont une figure
irréguliere, comme sont les pierres, les
masses de terre, & autres sortes de
matieres prises au hazard.

Si l'on examine en particulier deux
de ces corps réguliers, sçavoir la *Sphère*
& *le Cube*, on y trouvera la plûpart
des choses qui sont l'objet de la Géometrie élementaire, du moins celles qui
sont nécessaires pour l'intelligence de ce
qui sera dit dans la suite. Ainsi en examinant d'abord le *Cube* qui a la forme
d'un dez à jouer, on y remarquera de
la longueur, de la largeur & de la
profondeur. Ces trois différens rapports
qui se présentent à nos yeux, forment
ce qu'on appelle les trois dimensions des
corps. Outre ces trois dimensions que
nous présente l'examen du Cube, nous
y remarquerons encore six faces ou côtés
qu'on appelle *superficies* ou *surfaces*.

Si l'on considére une de ces surfaces, c'est-à-dire, cette couleur ou
superficie extérieure qui frappe les
sens, on y remarquera de la longueur
& de la largeur, mais sans aucune hau-

leur ou epaisseur : car pour peu qu'il y en eût, ce ne seroit plus une surface, mais un solide. On verra encore, que cette surface est terminée par quatre lignes qui en forment les bords ou extrémités, & que chacune de ces lignes en particulier ne participe en aucune maniere de la surface à laquelle elle sert de bornes : car pour peu qu'elle y participât & qu'elle eût de la largeur, elle deviendroit elle-même une surface.

En considérant ensuite une de ces lignes, nous y verrons de la longueur; mais nous n'y remarquerons ni largeur ni profondeur. Enfin nous observerons que cette ligne est terminée par deux points, qui ne participent en aucune maniere de la ligne, mais qui en sont seulement les extrémités.

C'est sans doute après un examen de cette espéce, que les premiers Géometres ont vû que tout ce que la Géometrie pouvoit considérer dans les corps se réduisoit à trois objets ; 1°. à la longueur considérée séparément; 2°. à la longueur & à la largeur prises ensemble ; 3°. à la longueur, largeur & profondeur unies & considérées sous une même idée ; & en conséquence de

ces réflexions ils ont divisé la Géometrie en trois parties, dont la premiere confidere les proprietés de la
longueur feulement, qu'ils ont appellée
ligne; la feconde a pour objet la longueur & la largeur prifes enfemble,
qu'ils ont appellée *furface*; & la troifiéme confidere la longueur, la largeur
& la profondeur unies enfemble, à
laquelle ils ont donné le nom de *folide.*
Tel eft l'objet de cette vafte fcience
qu'on appelle *Géometrie*; & ce n'eft que
dans le dévelopement de ces trois idées
que confifte toute la fcience du Géo-
metre. Voilà où fe réduit cet art fa-
meux, qui a rendu fi célébres les Ar-
chimedes, les Defcartes, les Varignons,
les l'Hopital & les Neutons, & qui a
gravé pour jamais leurs noms au tem-
ple de l'immortalité. Je n'examinerai
point ici toutes ces différentes proprietés, cela me meneroit trop loin & de-
manderoit un traité particulier; mais
je me bornerai feulement à donner une
idée des notions les plus fimples & les
plus générales de la Géometrie: cette connoiffance fuffira pour remplir l'objet que
je me fuis propofé.

Du Point.

On appelle *Point* en Géometrie ce qui n'a aucune partie, & où l'on ne découvre ni longueur, ni largeur, ni profondeur. Telle est, par exemple, l'extrémité d'une ligne. En effet il ne peut avoir de longueur, puisque ce seroit une ligne ; ni de largeur, puisque la ligne elle-même n'en a point ; ni de profondeur, puisque cette proprieté ne convient qu'au solide.

De la Ligne.

La *Ligne* est une longueur sans largeur, dont les extrémités sont des points. Elle se divise en ligne *droite* & en ligne *courbe*.

La ligne *droite* est celle qui a toutes ses parties également étendues entre ses extrémités, & qui ne s'écarte d'un côté ni d'un autre ; ou plûtôt c'est la plus courte distance entre deux points donnés, telle que la ligne A B. (*Voyez la Planche* I. *figure premiere.*)

La ligne *courbe* est celle qui s'écarte de la droite, & qui n'est pas la plus

courte mesure entre deux points donnés; comme, par exemple, la ligne C E D,
ou la ligne E F G. (*Pl. 1. fig. 2. & 3.*)

Il est évident qu'il ne peut y avoir
qu'une seule espéce de ligne droite; au
lieu qu'il peut y avoir une infinité de
lignes courbes différentes.

L'union de deux lignes droites considérées ensemble sous différens rapports, forme ce qu'on appelle lignes
paralleles, lignes *perpendiculaires*, & lignes
obliques, & sert aussi à donner l'idée de
ce qu'on appelle *angle*. Examinons ces
choses en particulier.

Les lignes droites *paralleles* sont des
lignes également distantes l'une de l'autre en toutes leurs parties, & posées sur
un même plan, ensorte qu'étant pro-
longées à l'infini de part ou d'autre, elles
ne peuvent jamais se rencontrer. Telles
sont les lignes A B & C D. (*Pl. 1. fig. 4.*)

Une ligne *perpendiculaire* est une ligne
droite, qui tombant à plomb sur une
autre ligne ou sur une superficie, n'incline pas plus d'un côté que de l'autre,
comme est la ligne C D par rapport à
la ligne A B. (*Pl. 1. fig. 5.*)

Une ligne *oblique* au contraire est celle
qui tombant sur une autre ligne, ne lui

est pas perpendiculaire , mais incline
plus d'un côté que de l'autre ; comme
est, par exemple, la ligne C D par rapport à la ligne A B. (*Pl. 1. fig. 6.*)

Dans ces deux derniers exemples, si
l'on suppose la ligne C D prolongée en
E ou en H, elle coupera la ligne A B
en D ; & ce point D où elle la coupe,
se nomme *point d'interfection*.

De la Surface.

La *Surface* ou *Superficie* est une étendue en longueur & en largeur , mais
sans aucune épaisseur ou profondeur :
elle se divise en *superficie plane* , & en
superficie courbe.

La *superficie* ou *surface plane* est celle
qui est si également comprise entre ses
extrémités , qu'aucun point de toute son
étendue n'est ni plus élevé ni plus en-
foncé que l'autre ; telle qu'est à peu
près la surface d'un miroir ordinaire ,
ou d'une table de marbre. Telle est
aussi la superficie de l'eau , quand elle
est tranquille.

La *superficie courbe* est celle dont les
parties sont inégalement tendues entre
ses extrémités , ensorte que l'une ou

l'autre s'abbaisse ou s'éleve; comme dans la figure G H I K. (*Pl.* 1. *fig.* 7.) Telle est à peu près la surface de l'eau quand elle est agitée : telle est aussi la surface des montagnes; & en général celle de la plûpart des pierres & autres corps trouvés au hazard.

De même qu'il ne peut y avoir qu'une seule espéce de ligne droite, il ne peut y avoir aussi qu'une seule espéce de superficie plane ; mais il peut y avoir une infinité de superficies courbes de différentes sortes.

La superficie *convexe* est une superficie courbe considérée du côté qu'elle s'éleve ; comme la surface extérieure d'une boule, d'un œuf, d'une montagne, &c.

La superficie *concave* est une superficie courbe considérée du côté qu'elle s'abbaisse ; comme le dedans d'un chapeau, d'une calotte, &c.

Du Cercle.

Le *Cercle* est une figure ou surface plane exactement ronde, terminée d'une seule ligne courbe qu'on appelle *circonférence*, au milieu de laquelle est un

point qu'on nomme *centre*, duquel toutes les lignes menées à cette circonférence font égales entr'elles ; comme
la figure A B C D E. (*Pl.* 1. *fig.* 8.)

Il a plû aux Géometres de diviser
la circonférence du cercle en trois cens
foixante parties égales auxquelles ils ont
donné le nom de *degrés*, & de fubdivifer chacun de ces degrés en foixante
parties qu'ils ont appellées *minutes*, &
chacune de ces minutes en foixante *fecondes*, & ainfi de fuite ; & depuis ce
tems-là, cet ufage a toujours été inviolablement obfervé. Cette divifion du
cercle en trois cens foixante parties eft
purement arbitraire ; & l'on n'a choifi
celle-ci, que parce que ce nombre de
trois cens foixante peut fe partager en
un grand nombre de parties ou de
fractions égales.

Ainfi il ne faut pas entendre par ce
mot de *degré* une grandeur fixe & déterminée, mais feulement la trois cens
foixantiéme partie de quelque circonférence que ce foit, grande ou petite :
de maniere que la plus petite circonférence a autant de degrés que la plus
grande ; mais avec cette différence,
qu'elle les a plus petits à proportion.

Le *diametre* d'un cercle eſt une ligne droite qui paſſe par le centre de ce cercle, & qui ſe termine de part & d'autre à la circonférence ; comme eſt la ligne A B. (*Pl. 1. fig. 9.*)

Le *rayon* du cercle eſt une ligne qui part du centre & va ſe terminer à la circonférence ; comme ſont les lignes C A , C B , C D , C E. (*Même fig. 9.*) Le rayon vaut toujours la moitié du diametre.

Un *demi-cercle* eſt une figure terminée d'un côté par le diametre du cercle A B, & de l'autre côté par la demi-circonférence A D B, ou A E B. (*Même fig. 9.*) Il contient toujours cent quatre-vingts degrés, qui eſt la moitié de trois cens ſoixante.

Un *quart de cercle* eſt une figure terminée par deux rayons perpendiculaires l'un à l'autre, & par le quart de la circonférence ; comme A C E, ou E C B : (*Même figure 9.*) il contient toujours quatre-vingt-dix degrés.

On appelle *arc de cercle* en général une partie quelconque de la circonférence, ſoit grande, ſoit petite ; comme eſt, par exemple, l'arc A D, ou l'arc D B. (*Même fig. 9.*) La grandeur d'un arc ſe meſure par le nombre de degrés qu'il qu'il contient ; ainsi plus il renferme de degrés, plus il est considérable.

L'union de plusieurs cercles considérés ensemble sous différens rapports, forme ce qu'on appelle *cercles paralleles*, *cercles concentriques*, & *cercles excentriques*.

Les *Cercles paralleles* sont ceux qui sont également distans l'un de l'autre en toutes leurs parties, soit qu'ils soient égaux ou inégaux en grandeur, & dont les centres se répondent les uns au-dessus des autres, & sont dans une même ligne droite perpendiculaire à tous ces cercles.

Les *Cercles concentriques* sont ceux qui ont le même centre ; comme les deux cercles A B C, D E F, qui ont un même centre P. (*Pl.* 1. *fig.* 10.)

Les *Cercles excentriques* sont ceux dont les centres sont différens ; comme les deux cercles G H I, & K L M, qui ont leurs centres N & O différens. (*Pl.* 1. *fig.* 11.)

Lors qu'un cercle coupe un autre cercle, soit perpendiculairement, soit obliquement, la ligne de rencontre de ces deux cercles s'appelle *ligne d'intersection* ; & les deux points où les deux circonférences se coupent, s'appellent *points d'intersection* ; comme sont les points S & R. (*Même fig.* 11.)

B

Des Angles.

On appelle *Angle* en général la rencontre de deux lignes en un point ; comme en la figure A B C. (*Pl.* 1. *fig.* 12.) Les lignes A B , B C , s'appellent les *côtés* de l'angle ; & le point B où ces lignes se rencontrent, s'appelle le *sommet* ou la *pointe* de l'angle. La *valeur* ou la *quantité* d'un angle se mesure par son ouverture, laquelle est plus ou moins grande, selon que les lignes de l'angle sont plus ou moins écartées.

Cette quantité ou valeur des angles se mesure en degrés, & elle n'est autre chose que la grandeur de l'arc de cercle A C, compris entre les deux côtés de l'angle, en supposant qu'on ait décrit autour de cet angle une circonférence A C E, (*Même figure* 12.) qui a pour centre le sommet ou la pointe B de ce même angle.

Un angle peut être considéré, ou par rapport à ses côtés, ou par rapport à son ouverture.

1°. L'angle considéré par rapport à ses côtés, se divise en *rectiligne , curviligne, & mixtiligne.*

L'Angle *rectiligne* est un angle dont

les côtés font deux lignes droites ; comme les angles A B C, C D E. (*Pl.* 1. *fig.* 13. *& Pl.* 2. *fig.* 14.)

L'Angle *curviligne* eſt un angle compoſé de lignes courbes ou d'arcs de cercle ; comme ſont les Angles B C D, D E F, F G H. (*Pl.* 2. *fig.* 15. 16. *&* 17.)

L'Angle *mixtiligne* eſt un angle compoſé d'une ligne droite & d'une ligne courbe ; comme ſont les angles F G H, G H I. (*Pl.* 2. *fig.* 18. *&* 19.)

2°. L'angle conſidéré par rapport à ſon ouverture, ſe diviſe en *angle droit*, en *angle aigu*, & en *angle obtus*.

L'Angle *droit* eſt celui qui eſt formé par deux lignes perpendiculaires l'une à l'autre ; comme eſt l'angle A B C. (*Pl.* 2. *fig.* 20.) Cet angle vaut toujours 90 degrés.

L'Angle *aigu* eſt un angle moins ouvert qu'un angle droit, & eſt toujours moindre que 90 degrés ; comme l'angle B C D. (*Pl.* 2. *fig.* 21.)

L'Angle *obtus* au contraire eſt celui qui eſt plus ouvert qu'un angle droit ; comme eſt l'angle C D E. (*Pl.* 2. *fig.* 22.) Cet angle vaut toujours plus de 90 degrés.

Une ligne qui tombe ſur une autre ligne, forme toujours ſur cette ligne deux angles B C A, C A D, dont l'un est aigu & l'autre obtus, si la ligne tombe obliquement (*comme dans la fig. 23.*) Mais si elle tombe perpendiculairement, elle formera un angle droit de chaque côté, (*comme dans la fig. 24.*)

De la Sphère.

Le *Globe*, qu'on appelle aussi quelquefois du nom de *Sphère*, est un corps solide, rond de toutes parts, environné d'une seule superficie courbe, & qui a en son milieu un point qu'on nomme *centre*, duquel toutes les lignes droites menées à cette superficie sont égales entr'elles.

Le *diamétre* de la Sphère ou du globe est une ligne droite, qui passe par le centre & se termine de part & d'autre à sa superficie.

L'*Axe* ou l'*Essieu* de la Sphère est l'un de ses diametres, sur lequel on suppose qu'elle tourne.

Par exemple, si l'on perce une boule de cire bien ronde avec une longue éguille qui passe exactement par le milieu ou le centre de cette boule, & qu'on fasse tourner la boule autour de

Cette éguille, celle-ci pourra être nommée l'axe de cette boule.

On appelle *Poles* dans une Sphère, les
deux points qui forment les deux extrémités de l'axe, & qui sont diamétralement opposés.

Si l'on coupe une boule ou une orange
en deux parties, il se formera toujours
deux cercles à l'endroit de la section ;
& ces cercles seront plus ou moins
grands, suivant qu'on aura coupé la
boule ou l'orange en deux parties plus
ou moins inégales.

On distingue à cette occasion deux
sortes de cercles dans la Sphère ; sçavoir, les *grands Cercles* & les *petits Cer-*
cles.

Les *grands Cercles* sont ceux qui passent
par le centre de la Sphère, & qui la
coupent en deux parties égales ; ce qui
fait que ces cercles sont toujours égaux
entr'eux.

Par exemple, si l'on coupe une boule
de cire par le milieu, les deux superficies ou plans circulaires qui se forment à l'endroit de la section, sont deux
grands cercles.

Les *petits Cercles* sont ceux qui ne
passent pas par le centre de la Sphère,

& qui ne la coupent pas en deux parties égales ; ce qui fera aifé à comprendre, fi l'on coupe une boule quelconque en deux portions d'inégale grandeur.

Les cercles, tant grands que petits, ont leur *axe* & leurs *poles*, de même que la Sphère.

L'*Axe* d'un cercle eft un des diametres de la Sphère, qui traverfe ce cercle perpendiculairement à l'endroit de fon centre.

Les *Poles* d'un cercle font deux points oppofés en la fuperficie de la Sphère, qui font aux deux extrémités de l'axe du cercle.

Les poles d'un grand cercle font toujours également éloignés de la furface ou du plan de ce cercle, & font diftans de quatre-vingt-dix degrés de tous les points de fa circonférence.

Les *Cercles paralleles* confidérés dans la Sphère, font ceux qui font décrits du même point pris comme pole dans la fuperficie de la Sphère. Le plus grand dé tous ces paralleles eft un grand cercle, & plus ils font près des poles, plus ils font petits. Tout ceci eft aifé à comprendre.

Enfin l'*Angle fphérique* confidéré dans

la Sphère, eſt formé par la rencontre de deux grands cercles qui ſe coupent en un point. La meſure de cet angle eſt l'arc d'un grand cercle perpendiculaire aux deux premiers, & décrit du ſommet de l'angle comme pole, dont il eſt diſtant de 90 degrés

L'Hémiſphere eſt la moitié d'une Sphère, lorſqu'on la coupe en deux parties égales.

Le *Segment* d'une Sphère eſt une des portions de la Sphère coupée en deux parties inégales.

La *Zone* d'une Sphère eſt une partie de ſa ſuperficie faite en forme de bande; comme eſt, par exemple, la peau d'une tranche d'orange coupée également dans toute ſon épaiſſeur, & terminée par deux cercles paralleles. Ce mot de *zone* vient d'un mot Grec ζώνη, qui dans ſon étymologie ſignifie *ceinture.*

Voilà à peu près toutes les notions de Géometrie, qui ſont néceſſaires pour entendre ce qui va être dit dans la ſuite touchant la Sphère. Je vais parler maintenant des connoiſſances générales, qui doivent précéder l'étude de cette ſcience. Ces obſervations ne contribueront pas peu à faciliter l'intelligence des différens cercles dont la Sphère est composée, & ſerviront dailleurs à donner une idée générale du Monde.

CHAPITRE II.

Des obſervations générales qui doivent précéder la connoiſſance de la Sphère.

LE Monde n'eſt autre choſe que l'aſſemblage de tous les corps que Dieu a créés, & qui nous manifeſtent tous les jours ſa Majeſté & ſa Puiſſance. Ce Monde n'eſt point de toute éternité, comme l'ont crû quelques anciens Philoſophes ; mais l'Ecriture Sainte, ainſi que la raiſon naturelle, nous apprennent qu'il a été créé. Cette création, ſuivant les plus habiles Chronologiſtes, a été faite quatre mille ans ou environ avant la naiſſance de Jeſus-Chriſt.

Tous les corps qui compoſent l'Univers ne ſont pas d'une même nature. Les uns ſont lumineux, comme le ſoleil & les étoiles ; les autres ſont opaques, c'eſt-à-dire, n'ont aucune lumiere, du moins par eux-mêmes, comme la terre, la lune, & les autres planetes. Les uns font folides comme notre terre ; les autres liquides ou fluides, comme l'eau, l'air & le Ciel. Les principaux de tous ces corps font le Ciel, les Aftres & la Terre, avec les différens animaux qui l'habitent.

Tous ces corps gardent entr'eux un rapport & une difpofition particuliere, qu'il n'eft pas aifé de connoître à un efprit auffi borné que celui de l'homme : car le monde étant un ouvrage, ou pour mieux dire, un jeu de la main de l'Etre Suprême, qui a pû en difpofer les parties à fon gré, & les ranger en une infinité de façons différentes, leur nombre & leur arrangement ne nous fçauroient être connus par aucune raifon qui foit prife de la nature des chofes en elles-mêmes ; & comme il a plû à Dieu de ne nous point faire connoître cet arrangement par la voie de la révélation, puifqu'il n'en eft fait aucune mention dans les faintes Ecritures, du moins qui puiffe nous donner à cet égard les lumieres dont nous avons befoin, il eft conftant qu'il ne nous refte que la feule expérience pour juger entre les différentes manieres que Dieu a pû choisir, quelle est celle qui paroît la plus convenable. Ainsi avant de porter là-dessus notre jugement, considérons ce qui se passe tous les jours à nos yeux, & peut-être après avoir examiné les effets, serons-nous en état de remonter à leurs causes.

La premiere chose que nous connoissons, est la terre que nous habitons. C'est cette petite portion du monde que Dieu a donnée aux hommes en partage, & où il se passe tous les jours tant de choses merveilleuses ; c'est cette même terre dont chacun de nous occupe une petite partie. Sa surface n'est pas partout d'une même nature ; mais elle est interrompue par une grande quantité de mers, de lacs & de fleuves ; & quoiqu'elle nous paroisse d'une étendue immense, il est certain néanmoins qu'elle a des bornes, puisque les Historiens nous apprennent que plusieurs Voyageurs en ont fait le tour en différens sens : d'où il suit par une conséquence naturelle & nécessaire, que cette terre a aussi sa figure particuliere.

Cette figure est nécessairement comprise sous une seule superficie ou sur-

face, ou fous plufieurs fuperficies différentes. Mais il eft conftant par le rai-
fonnement & par l'expérience, qu'elle
ne peut être comprife fous différentes
fuperficies : car fi cela étoit, toutes ces
furfaces, en fe rencontrant, feroient néceffairement divers angles entr'elles,
& formeroient différentes élevations &
abbaiffemens qu'on n'apperçoit cependant nulle part. Au contraire en quelque endroit qu'on fe trouve, l'efpace de
terre qu'on peut découvrir paroît toujours plat ; ce qui fait connoître affez
que la terre eft environnée d'une feule
fuperficie, & que cette fuperficie eft
néceffairement une fuperficie courbe.
Mais la terre nous paroît toujours également platte en quelque endroit que nous
foyons : ainfi nous fommes en droit de
penfer qu'elle n'eft point inégalement
courbée dans aucune de fes parties ; &
par conféquent qu'elle eft ronde ou fphérique, puifqu'il n'y a que le Globe ou
la Sphère à qui cette proprieté puiffe
convenir.

Ajoûtons à cette preuve ce qui fe
paffe dans l'obfervation que tout le
monde peut faire des éclipfes de Lune. Lorfque cette planete commence

à s'éclipser & à être cachée par la terre
qui se trouve alors entr'elle & le soleil,
on la voit peu à peu se couvrir d'un
cercle obscur ; & comme on observe
la même chose de tous les différens endroits de la terre, il s'ensuit que l'ombre de la terre qui se forme sur la lune
est semblable en tous sens, & par conséquent que la terre est ronde, puisqu'il
n'y a qu'un globe qui puisse faire une
ombre semblable en tous sens, suivant
les régles de l'optique.

Enfin pour avoir une preuve plus fa-
miliere de cette vérité, & que ceux qui
voyagent sur mer peuvent facilement
remarquer, c'est qu'à mesure qu'un vaisseau s'éloigne du port, ceux qui sont
sur le tillac commencent à perdre de
vûe peu à peu le pied des clochers qui
sont au lieu d'où ils partent ; mais si
dans le même tems quelqu'un d'entre-
eux monte au haut de quelque grand
mât, il reverra les mêmes objets, qui ne
se verront plus de ceux qui restent sur
le tillac, jusqu'à ce que le vaisseau s'é-
loignant encore plus du port, il perdra
lui-même de vûe le pied des clochers,
& n'en verra plus que la pointe, qui
enfin disparoîtra tout-à-fait, lorsque le

vaisseau sera encore plus éloigné ; dont la
seule cause est la rondeur du globe terrestre, comme il est aisé de s'en convaincre
par un simple raisonnement, sans avoir
même aucune connoissance des règles
de la perspective. La même chose arrive à peu près sur la terre, lorsque
nous quittons une Ville pour aller dans
un endroit qui en soit un peu eloigné,
comme de trois ou quatre lieuës ; d'où
il faut conclure nécessairement que la
terre a la figure d'une Sphère ou d'un
Globe, & par conséquent qu'elle est
exactement ronde.

On fera peut-être là-dessus une ob-
jection qui se présente naturellement à
l'esprit ; c'est que les hautes montagnes
& les vallées profondes qui se rencontrent assez fréquemment sur la terre, ren-
dent nécessairement sa figure irréguliere,
& prouvent évidemment qu'elle n'est
pas parfaitement ronde. Mais si l'on
fait tant soit peu réflexion que les plus
hautes montagnes que nous connoissions,
par exemple le pic de Teneriffe, n'ont
pas plus de deux lieuës de hauteur
perpendiculaire, on sera aisément convaincu que cette élevation devient in-

senfible par rapport à la groffeur de
la terre qui a neuf mille lieuës de circonférence, & qu'elle ne contribue pas
plus à la rendre irréguliere & à empêcher fa rondeur, qu'un grain de fable
pourroit faire à l'égard d'une boule de
huit ou neuf pieds de diametre.

Au refte, lorfque je dis que la figure
de la terre eft exactement ronde &
fphérique, il ne faut pas prendre cette
expreffion à la rigueur : car par les obfervations qui ont été faites depuis environ vingt ans par nos plus célébres
Aftronomes François, on a découvert
que la terre avoit la forme d'une Sphère
racourcie vers les poles.

Suivant de premieres obfervations
faites vers 1670. par M. Picard, &
depuis par Meffieurs de la Hire &
Caffini, à l'occafion de la fameufe Méridienne qu'ils ont tracée depuis la partie
la plus feptentrionale de la France
jufqu'à fa partie la plus méridionale, &
par la mefure actuelle qu'ils ont faite de
l'étendue de pays comprife entre la Ville
de Dunkerque & celle de Collioure
en Rouffillon, on avoit d'abord penfé
que la terre avoit à peu près la forme

d'un œuf, ou d'une Sphère allongée vers les poles (*a*) ; mais depuis par d'autres observations plus récentes faites au Nord en 1736. par Messieurs de Maupertuis, le Monnier, &c. confirmées encore par d'autres observations postérieures faites au Perou par Messieurs Godin, Bouguer & autres, on s'est convaincu que la terre est un sphéroide racourci vers les poles, dont le grand diametre est dans le plan de l'équateur, & le petit diametre est d'un pole à l'autre (*b*). Au reste, par les observations de Messieurs Cassini, Picard & de la Hire, il paroît que la différence qu'il y a entre le grand diametre de la Terre & son petit diametre, n'est que d'environ une quatre-vingt-quinziéme partie ; & par celles faites par Messieurs de Maupertuis, le Monnier, Bouguer & Godin, il ré-

(*a*) Voyez le Livre de la grandeur & de la figure de la Terre par M. Cassini, imprimé à Paris en 1718. *in* 4°.

(*b*) Voyez le Livre intitulé, la figure de la Terre déterminée par les Observations faites au cercle polaire. Paris 1738. *in* 8°. & celui de M. Bouguer sur le même sujet, en conséquence des Observations faites au Perou, imprimé à Paris en 1739. *in* 4°.

fulte que cette différence n'eft que d'une
cent foixante-dix-huitiéme partie ; en
forte que dans le premier cas le rapport de ces deux diametres eft comme
96. eft à 95. & dans le fecond cas comme 179. eft à 178. Ainfi on peut abfo-
lument fuppofer que la Terre eft ronde
fans aucune erreur fenfible.

Le globe de la Terre contient en fa
fuperficie toutes les régions du monde,
les mers, les lacs & les rivieres. Il
renferme auffi dans fon fein les plan-
tes, les métaux, les minéraux, les pierres, & mille autres chofes de cette nature. L'étendue de ce globe, fuivant les
Obfervations dont je viens de parler, eft de neuf mille lieuës de tour ;
enforte qu'en adoptant les mefures
de M. Picard., chaque degré ou
chaque trois cens foixantiéme partie
d'un grand cercle de la terre, eft de
vingt-cinq lieuës ou de 57060. toifes,
& chaque lieuë de 2282. toifes deux
cinquiémes de toife, mefure du Châtelet
de Paris. Suivant ces dimenfions, le
diametre de la Terre fera de 2864.
lieuës, & la fuperficie entiere, tant de
la Terre que de l'Eau, de 25772727.
lieuës quarrces, dont on eftime que

l'Eau occupe la moitié. Il y a eu de grands différens sur la profondeur des eaux de la mer ; mais les Auteurs les plus judicieux , & ceux qui ont le plus d'expérience sur ce sujet , soutiennent par de bonnes raisons que la plus grande profondeur de l'eau ne surpasse point la plus grande hauteur des montagnes , qui est de deux ou trois lieuës. Ce n'est pas qu'il n'y ait quelques abîmes dans certains endroits de la mer, dont la profondeur n'a encore jamais pû être déterminée.

Autour du Globe terrestre est la région de l'Air, qui environne ce Globe de toutes parts. Cet air n'est autre chose qu'un fluide à peu pres semblable à l'eau, mais dont les parties sont beaucoup plus subtiles & plus légéres ; ce qui fait qu'il ne tombe presque pas sous les sens. On appelle *atmosphère*, toute cette masse ou ce volume d'air qui environne la Terre , & qui peut s'étendre jusqu'à quinze lieuës de hauteur ou environ. Sa substance n'est pas par tout là même , comme celle de l'eau ; mais elle est d'autant plus légere qu'elle s'éloigne davantage de nous , en sorte que l'air qu'on respire sur les hautes montagnes est beaucoup plus sub-

til, que celui qu'on respire sur la surface ordinaire de la Terre, ce qui fait
qu'on vit plus difficilement sur ces montagnes. C'est dans la région de l'atmosphère que se forment les nuages, la grêle,
le tonnerre & les autres météores.

Au-delà de l'atmosphère est une étendue immense qu'on appelle *Ciel*, où
l'on apperçoit une grande quantité d'é-
toiles, au nombre desquelles on peut
comprendre le soleil & la lune.

Ces étoiles sont de deux sortes : les
unes sont *fixes*, & les autres *errantes*,
qu'on nomme *planetes*.

A l'égard des étoiles fixes, c'est une
opinion généralement reçûe, que ce
sont des corps qui brillent par leur
propre lumiere ; de sorte qu'on peut
dire qu'elles sont à notre égard comme autant de petits soleils, qui remplis-
sent le Ciel de leur éclat pendant la
nuit. Elles sont appellées fixes, non pas
qu'elles soient en repos & sans mouvement, mais parce qu'elles gardent
toujours entr'elles les mêmes distances
& les mêmes rapports, sans jamais s'é-
carter les unes des autres dans leur
mouvement.

Le nombre de ces étoiles nous pa-

roit très-borné, lorfque pour le déterminer nous n'employons que le fecours
des yeux : car alors nous n'en trouve-
rons que 1392. dont quelques-unes n'ont
paru que depuis peu, & ont été incon-
nues aux Anciens, qui en récompenfe
en ont vû quelques-unes que nous ne
voyons plus. Mais lorfqu'on emploie
le fecours des lunettes ou télefcopes,
le nombre de ces étoiles devient prefque infini.

Il a plû aux Anciens de divifer toutes
ces étoiles en plufieurs Conftellations ou
Signes, auxquels par une dénomination
purement arbitraire, ils ont donné le
nom de *Belier*, de *Taureau*, d'*Ourfe*,
de *Serpent*, & autres femblables.

Les Planetes font des corps errans ;
& elles font aïnfi appellées, parce que
leurs mouvemens ne font pas réguliers
en apparence comme ceux des étoiles
fixes, & qu'elles ne confervent pas toujours entr'elles une même diftance ; ce
qui fait qu'elles approchent & s'éloignent les unes des autres, & qu'on les
voit tantôt dans un endroit du Ciel,
& tantôt dans des endroits immédiatement oppofés.

Ces Planetes font au nombre de fept ;

auxquelles on a donné les noms suivans;
sçavoir, le Soleil, la Lune, Mercure,
Venus, Mars, Jupiter & Saturne. Les
Anciens ne connoissoient que ces sept
planetes; mais par le secours des télescopes, & depuis environ un siécle, on en
a découvert neuf autres, dont il y en
a quatre qui ne s'éloignent que fort peu
de Jupiter, & cinq autres qui accom-
pagnent toujours Saturne. On a donné
à ces nouvelles planetes le nom de *Satellites.*

Entre les Planetes, le Soleil & la Lune
sont les principales, & il est aisé de les
reconnoître; mais les autres planetes ne
se reconnoissent gueres que par les irré-
gularités apparentes de leurs mouvemens. On peut cependant, en y appor-
tant un peu d'attention, les distinguer
facilement par la différence de leur lumiere, qui n'est pas si éclatante que
celle des étoiles fixes : elles paroissent
dailleurs un peu plus grandes à la vûe,
sur-tout Venus & Jupiter. A l'égard des
neuf planetes nouvellement découvertes, on ne les voit que par le secours
des lunettes d'approche.

Toutes les étoiles, tant fixes qu'errantes, nous paroissent tous les jours se
mouvoir d'Orient en Occident, & dé-

crire plusieurs circonférences de cercle
paralleles entr'elles, & il s'en faut peu
qu'elles n'achevent leurs révolutions en
des tems égaux. Celui que le Soleil
emploie à faire son tour, est ce qu'on
nomme un jour naturel, que l'on divise en vingt-quatre heures, chaque
heure en soixante minutes, & chaque
minute en soixante secondes.

Ce qui vient d'être dit peut suffire
pour donner une idée générale du Monde, dont la beauté nous charme & nous
ravit toutes les fois que nous le considérons. En effet rien n'est plus admirable que l'ordre avec lequel toute cette
grande machine se meut ; & ce n'est
pas sans raison que le Roi Prophete
s'écrioit à la vûe de tant de merveilles :
Cœli enarrant gloriam Dei, & opera ma-
nuum ejus annuntiat firmamentum.

La Science qui traite des différentes
parties du monde, de leur situation,
de leur grandeur & de leurs distances, s'appelle *Cosmographie*, qui se
divise en deux parties principales, sçavoir, la *Géographie* ou la description
de la Terre, & l'*Astronomie* qui traite
de tout ce qui appartient au Ciel &
aux Astres.

La Sphère, ainsi que je l'ai déja dit,

fait partie de l'Astronomie, & lui sert
comme d'introduction, puisque son
objet est d'expliquer les principaux mouvemens des Astres, & particulierement
ceux du Soleil, qui font une des parties les plus importantes de l'Astronomie.

Pour expliquer le plus naturellement
qu'il est possible les mouvemens des
Cieux, on peut faire deux suppositions
différentes. La premiere est de considérer la Terre comme en repos au milieu du monde, & de penser que les
Cieux se mouvant à l'entour d'elle d'O-
rient en Occident, entraînent avec eux
toutes les étoiles, & les planetes qui
font renfermées dans leur espace. La
seconde supposition est de penser au
contraire que les Cieux & les étoiles
n'ont aucun mouvement, mais qu'ils
paroissent seulement tourner tous les
jours en vingt-quatre heures d'Orient
en Occident, parce que la Terre elle-
même tourne tous les jours d'Occident
en Orient autour de son propre centre.

Les Philosophes ont été depuis long-
tems partagés sur ces deux systêmes,
& ils ont prétendu les uns & les autres que leur supposition étoit la supposition véritable & naturelle. Aristote

Ptolomée, & la plûpart des Philosophes ont adopté la premiere de ces deux
Hypothèses : la seconde l'a été par
Aristarque, Platon, Archimede & les
Pythagoriciens ; & après avoir resté dans
l'oubli pendant plusieurs siécles, elle a
été renouvellée par Copernic, & mise
entierement en vogue par Descartes.
Depuis ce tems-là elle a été généralement suivie par tous les Astronomes & par tous les Philosophes de nos
jours, si l'on en excepte seulement un
très-petit nombre.

Si l'on examine en particulier chacune de ces deux supppositions, du
moins par rapport aux mouvemens du
Soleil, & au mouvement journalier des
étoiles & des planetes, on trouvera
qu'elles satisfont également bien l'une
& l'autre aux apparences & aux observations qui viennent d'être faites. En
effet tout ce qu'il y a de visible dans
le Ciel, ne doit pas moins paroître
tourner d'Orient en Occident en vingt-
quatre heures dans l'une & dans l'autre Hypothèse. Ainsi comme il n'y a aucune raison prise dans la nature de la
chose en elle-même qui nous oblige à
prendre un parti plûtôt que l'autre, je
suivrai pour l'explication de la Sphère

l'opinion qui a été jusqu'ici affez généralement reçûe, qui eft celle de Ptolomée, & cela avec d'autant plus de fondement, que cette fuppofition paroît la plus naturelle & la premiere qui fe préfente à l'efprit, & qu'elle eft d'ailleurs la plus facile à concevoir.

CHAPITRE III.

De ce qui a donné occafion aux Aftronomes d'imaginer les différens Cercles dont la Sphère eft compofée.

ON ne peut concevoir qu'un corps fe meut, qu'en le comparant à d'autres corps auxquels il correfpond en différentes manieres. Ainfi puifque j'ai fuppofé que les Cieux fe mouvoient chaque jour d'Orient en Occident, il faut auffi néceffairement fuppofer que leur étendue eft bornée, pour pouvoir expliquer ces mouvemens. Nous devons pareillement penfer que les Cieux font ronds & ont une figure fphérique, puifque c'eft celle de toutes les figures qui eft la plus propre au mouvement circulaire, & que d'ailleurs nous n'avons aucune raifon pour fuppofer le contraire.

Lorfque

Lorſque nous concevons que les Cieux ſe meuvent tous les jours d'Orient en Occident, & qu'ils achevent leur révolution en 24 heures, nous imaginons en même tems que tous les points de leur ſuperficie, à la réſerve de deux ſeulement, décrivent en tournant des cercles paralleles les uns aux autres. Ces cercles auxquels on a donné le nom de *Cercles diurnes* ou *journaliers*, ſont tous inégaux entr'eux, & ſont d'autant plus petits, qu'ils approchent de plus près de deux points autour deſquels les Cieux nous paroiſſent tourner.

Ces deux points de la ſuperficie du Ciel qui ne décrivent point de cercles, & qui tournent ſeulement ſur eux-mêmes, s'appellent les *Poles* du monde, dont l'un qui eſt celui que nous voyons en France, ſe nomme le *Pole arctique*, & l'autre ſe nomme le *Pole antarctique*. La ligne droite qui va d'un pole à l'autre, s'appelle l'*axe* du monde, parce qu'elle eſt comme l'axe, ou l'eſſieu autour duquel la Sphère fait ſon tour en 24 heures.

Dans les diverſes révolutions que le Soleil fait autour de la Terre, on a remarqué qu'environ le vingt Mars

& le vingt-deux Septembre cet astre décrit son cercle justement au milieu du globe céleste, ensorte qu'il n'est pas plus éloigné d'un Pole que de l'autre ; & que trois mois auparavant & trois mois après, c'est-à-dire, le vingt & un Décembre & le vingt & un de Juin, il décrit des cercles paralleles éloignés du premier, l'un vers le Pole arctique, & l'autre vers le Pole antarctique, de la quantité de vingt-trois degrés & demi ou environ, en mesurant ces degrés sur un grand cercle de la Sphère qui passe par les deux Poles du monde, & qui coupe perpendiculairement les trois autres. On appelle le premier de ces cercles *Equateur* ou *Equinoxial*, & les deux autres qui lui sont parallèles, *Tropiques* ; le dernier qui coupe les trois autres, se nomme *Méridien*.

On voit par-là qu'aussi-tôt que le Soleil a décrit l'un des deux Tropiques, par exemple, celui qui est du côté du Pole arctique, ce qui arrive le 21 Juin, il faut qu'il avance chaque jour par un mouvement qui lui est particulier pour parvenir au bout de six mois, c'est-à-dire, le 21 Décembre ou environ, au point où il décrit l'autre Tropique ; & qu'après y être parvenu, il retourne en-

fuite par un mouvement oppofé en apparence au premier, pour arriver au
point d'où il étoit parti fix mois auparavant, & qu'il emploie les fix autres
mois pour y parvenir ; & ainfi de fuite
chaque année.

Le Soleil pendant tout ce tems-là
fait chaque jour une révolution autour
de la Terre par un mouvement qui lui
eft commun avec tous les Cieux ; mais
on remarque que le cercle qu'il décrit
ainfi chaque jour, n'eft pas un cercle
parfait, parce qu'il ne revient pas précifément au même point du Ciel où il
étoit 24 heures auparavant, & il femble être retardé prefque d'un degré dans
fon cours, de maniere cependant qu'il
avance toujours un peu vers le Pole
arctique depuis le 21 Décembre jufqu'au 21 Juin, & vers le Pole antarctique depuis le 21 Juin jufqu'au
21 Décembre ; en forte que tous les
cercles particuliers que le Soleil décrit
ainfi chaque jour, ne font pas abfolu-
ment paralleles, mais fe joignent les
uns aux autres en forme de vis ou de
fpirale.

Tous ces différens points où le Soleil
fe rencontre dans les Cieux de 24 heures

en 24 heures, forment un cercle qu'on appelle *Ecliptique*, dont la circonférence touchant de part & d'autre les Tropiques en deux points, doit nécessairement couper celle de l'Equateur ou équinoxial en deux autres points ; en sorte que le plan de ce dernier cercle fait avec le plan du premier un angle de vingt-trois degrés & demi, qui est égal à la distance de l'un & de l'autre des Tropiques de part & d'autre de l'Equateur.

On appelle *Points solsticiaux* ou *Points des solstices*, les deux points où l'Ecliptique touche les deux Tropiques; & ceux où l'Ecliptique coupe l'Equateur, se nomment *Points équinoxiaux* ou *Points des Equinoxes*. On a donné le nom de *Colures* aux deux cercles, qui passent par ces points & par les Poles du monde.

Puisque le plan de l'Ecliptique fait avec celui de l'Equateur un angle de 23 degrés & demi, il faut que les Poles de l'Ecliptique soient éloignés des Poles du monde de la même quantité. Ainsi ces points, ou poles de l'Ecliptique faisant tous lesjours leurs révolutions en 24 heures avec les Cieux, décrivent deux petits cercles paralleles à l'Equateur. On appelle ces deux cercles *Cerclés polaires.*

Les Astronomes ont observé, que la Lune & les autres Planetes ne s'éloignoient pas beaucoup de l'Ecliptique, mais qu'elles pouvoient s'en écarter quelquefois de huit degrés de part & d'autre de ce cercle. Cela fait qu'ils ont imaginé un cercle, ou plûtôt une Zone large de seize degrés, dans lequel tous ces mouvemens pussent être compris ; & ils ont donné à ce cercle le nom de *Zodiaque.* Ainsi le Soleil & toutes les Planetes se meuvent dans la largeur de ce cercle à peu-près de la même maniere ; & le cercle que chacune de ces Planetes décrit par son mouvement particulier, coupe l'Equateur & l'Ecliptique en deux parties égales. Il y a seulement cette différence que le Soleil, ou plûtôt le centre du Soleil, ne sort jamais de l'Ecliptique, c'est-à-dire, du cercle qui coupe la largeur du Zodiaque en deux parties égales ; au lieu que quelques Planetes, comme Mars, s'éloignent souvent de huit degrés de ce même Ecliptique. Dailleurs le Soleil emploie un an précisément à décrire l'Ecliptique ; au lieu que les autres Planetes décrivent leurs cercles particuliers d'Occident en Orient, les unes en moins d'un an, les autres en plusieurs années.

Si l'on compare la grandeur de la Terre à celle des Cieux, elle ne doit être regardée que comme un point par rapport à la vaste étendue du Firmament. En effet comme nous voyons toujours la moitié du Ciel en quelque endroit de la Terre que nous soyons, pourvû que notre vûe ne soit point bornée par des montagnes ou par quelque chose de semblable, c'est une marque évidente que la Terre n'a aucune grandeur sensible en comparaison des Cieux.

Le cercle qui sépare la partie du monde qu'on peut voir, de la moitié qu'on ne voit pas, est ce qu'on nomme l'*Horison*.

Si de tous les points de chacun de ces cercles considérés dans le Ciel, on fait tomber par le secours de l'imagination des lignes perpendiculaires sur le globe terrestre, les extrémités de ces lignes y marqueront des cercles placés également & proportionnellement à ceux des Cieux. Ce sont ces cercles que les Géographes & les Astronomes con-

fiderent fur la Terre, auxquels on a
donné pour cela les mêmes noms que
ceux qu'on imagine dans les Cieux.

Je vais commencer par confidérer
ces cercles dans le Ciel, & expliquer
par leur moyen la plus grande partie
des Phénomenes qui arrivent tous les
jours. Je confidérerai enfuite ces mêmes cercles fur la Terre, & nous
verrons ce qui doit arriver en conféquence de cette fuppofition.

CHAPITRE IV.

Des Points, Lignes & Cercles de la Sphère célefte.

ON conçoit ordinairement dans la
Sphère artificielle dix cercles principaux, dont il y en a fix grands &
quatre petits ; deux lignes ou Axes ; &
douze Points ; dont la connoiffance a
paru néceffaire pour avoir une intelligence exacte des principaux mouvemens du Soleil & des autres Aftres.

Les douze Points font, 1°. Les *deux
Pôles du monde.* 2°. Les *deux Pô'es du
Zodiaque.* 3°. Les *deux Points folfti-*

ciaux. 4°. Les *deux Points équinoxiaux*. 5°. Les *deux Points de l'Orient* & *de l'Occident*. 6°. Les deux points du *Zénith* & du *Nadir*.

Les deux lignes sont l'*Axe du monde*, & l'*Axe de l'Ecliptique*.

Les six grands cercles sont l'*Equateur* ou *Equinoxial*, le *Zodiaque*, les *deux Colures*, l'*Horison* & le *Méridien*.

Et les quatre petits sont les *deux Tropiques* & les *deux Cercles polaires*. Voilà tout ce qui compose ordinairement la Sphère artificielle.

Outre cela on met ordinairement au milieu de la Sphère un petit Globe qui représente la Terre, & au-dessous des cercles dont on vient de parler, on ajoûte aussi deux arcs de cuivre qui portent à leurs extrémités l'image du Soleil & celle de la Lune ; ces arcs servent à représenter à peu-près le mouvement particulier de ces Astres d'Occident en Orient, & à faire comprendre la maniere dont se font leurs éclipses.

Explication des Points & des Lignes de la Sphère.

1°. Les *deux Poles du monde* font les feuls points qui foient immobiles dans les Cieux ; ils terminent l'un & l'autre l'Axe du monde. L'un de ces Poles eft appellé *Septentrional* ou *Arctique*, à caufe de la conftellation de l'Ourfe dont il fe trouve proche ; l'autre fe nomme *Méridional* ou *Antarctique*, parce qu'il eft diamétralement oppofé au premier.

2°. Les *deux Poles de l'Ecliptique* ou du Zodiaque font à l'extrémité de l'Axe de l'Ecliptique, & font éloignés des Poles du monde de 23 degrés & demi ou environ : ces deux Points tournent avec toute la Sphère d'Orient en Occident, & font une révolution en 24 heures autour des Poles du monde.

3°. Les *deux Points Solfticiaux* font les deux Points où l'Ecliptique touche les Tropiques. L'un d'eux eft appellé par rapport à nous *Solftice d'Hiver*, parce que notre Hiver commence lorfque le Soleil eft arrivé à ce point ; c'eft l'endroit où l'Ecliptique touche le Tropique d'Hiver ou du Capricorne. L'autre

Point se nomme *Solstice d'Eté*, parce que dans le tems que le Soleil touche à ce point, nous avons le commencement de notre Eté ; c'est l'endroit où le Tropique d'Eté ou du Cancer touche l'Ecliptique.

4°. Les *deux Points Equinoxiaux* sont les Points d'intersection de l'Equateur & de l'Ecliptique. On les appelle Equinoxiaux, parce que quand le Soleil en parcourant l'Ecliptique est parvenu à l'un de ces points, les jours sont égaux aux nuits par toute la Terre ; j'en expliquerai la cause dans la suite. L'un de ces Points se nomme *Point équinoxial du Belier*, & l'autre *Point équinoxial de la Balance* ; ce sont eux qui déterminent le commencement de notre Printems & de notre Automne.

5°. Les *Points d'Orient & d'Occident* servent à marquer les endroits où le Soleil se leve & se couche au tems des équinoxes, c'est-à-dire, quand les jours sont égaux aux nuits.

6°. A l'égard du *Zénith* & du *Nadir*, ce sont deux Points, dont l'un répond au-dessus de notre tête qui est le Zénith, & l'autre au-dessous qui est le Nadir ; ce dernier n'est vû que par nos

Antipodes. On peut regarder ces deux Points comme les Poles de l'Horifon ; & la ligne qui les joint enfemble eft l'axe de ce même Horifon, laquelle fe nomme auffi *Ligne verticale*. Cette ligne paffe par le centre de la Terre.

7°. *L'Axe du monde* eft un des diametres de la Sphère, & le feul immobile, autour duquel les Cieux tournent en 24 heures d'Orient en Occident. Cet axe paffe par le centre de la Terre, que j'ai ci-devant fuppofée être au centre du monde, & va fe terminer dans les Cieux à l'endroit où font les deux Poles arctique & antarctique.

8°. *L'axe de l'Ecliptique* eft un des diametres de la Sphère, autour duquel le Soleil décrit fon mouvement particulier d'Occident en Orient par chaque année.

Explication des fix grands Cercles de la Sphère.

De l'Equateur ou Equinoxial.

L'*Equateur* ou *Equinoxial* eft un grand cercle fixe & invariable qui divife la Sphère en deux parties égales, & qui eft également diftant dans tous ſes points des deux Poles du monde. On l'appelle *Equateur*, parce qu'il eſt la meſure commune de tous les mouvemens des différens cercles ; & *Equinoxial*, parce que quand le Soleil parcourt ce cercle, les jours ſont égaux aux nuits par toute la Terre.

On peut facilement remarquer ce cercle dans les Cieux, en obſervant le cours journalier du Soleil au tems des Equinoxes, c'eſt-à-dire, le 20 Mars & le 22 Septembre, parce qu'alors le Soleil eſt dans le plan de ce cercle, & qu'il le parcourt chacun de ces deux jours.

Ce cercle a été imaginé par les Aſtronomes pour diſtinguer le milieu du monde par rapport au mouvement journalier des aſtres, & pour ſervir à meſurer le tems, qui n'eſt autre choſe que la durée du mouvement de ces mêmes aſtres, & qui ſe diviſe en années, en mois, en jours & en heures. Ces parties du tems ſe diſtinguent facilement par le moyen de l'Equateur, parce que ſon mouvement étant toujours régulier & uniforme, il parcourt en des tems égaux des arcs égaux de ſon cercle ; en ſorte que quand quinze degrés, par exemple , montent au-deſſus de l'Horiſon , dans le même eſpace de tems quinze autres degrés , qui ſont les degrés oppoſés , deſcendent au-deſſous.

On diviſe ce cercle comme tous les autres en 360 degrés , qui commencent à ſe compter du point où l'Equateur eſt coupé par l'Ecliptique à l'endroit où commence le ſigne du Belier. On appelle ordinairement ce point , le Point équinoxial du Printems , ou la ſection d'*Aries*. Il eſt très-important de remarquer ceci une fois pour toutes, parce que c'eſt de cette ſection que l'on commence à compter tous les mouvemens céleſtes ; ce qui ſe fait toujours d'Occident en Orient ſuivant l'ordre des ſignes du Zodiaque.

L'Equateur ſert auſſi à déterminer ſur la Terre la latitude ou hauteur de pole des Villes & autres lieux , laquelle n'eſt autre choſe que l'arc d'un grand cercle qui paſſe par les Poles du monde , compris depuis l'Equateur juſqu'au Zénith du lieu propoſé ; ce qui ſera expliqué plus particulierement dans la ſuite.

Ce cercle diviſe le monde en deux Hémiſpheres ou deux parties égales , dont l'une eſt appellée *Hémiſphere ſep-*

sentrional, qui est celui qui s'étend depuis l'Equateur jusqu'au Pole arctique, l'autre *Hémisphere méridional*, lequel s'étend depuis ce même cercle jusqu'au Pole antarctique.

Les deux Points où l'Equateur coupe l'Horison, sont les vrais points d'Orient & d'Occident ; de sorte qu'avec ces deux points & les deux Poles du monde, on a ce qu'on appelle ordinairement *les quatre Points Cardinaux*, qui sont l'*Orient*, l'*Occident*, le *Septentrion* & le *Midi*.

Les Géographes & les Pilotes donnent à ce cercle simplement le nom de *Ligne*, par la raison sans doute qu'il est représenté comme une ligne droite dans les Mappemondes, & dans les autres cartes Géographiques ou Hydrographiques ordinaires.

Du Zodiaque & de l'Ecliptique.

Le *Zodiaque* est un grand cercle de la Sphère, ou plûtôt une bande ou ceinture large de seize degrés ou environ, qui est coupée par l'Equateur en deux parties ou demi-circonférences égales, dont l'une est appellée septentrionale, fçavoir celle qui eft du côté du Pole arctique, & l'autre méridionale qui eft du côté du Pole antarctique.

Au milieu de cette largeur ou bande eft la circonférence d'un grand cercle qu'on nomme *Ecliptique*, qui fert à marquer le cours annuel du *Soleil*, & le chemin qu'il fait par fon mouvement particulier d'Occident en Orient, dont il ne s'écarte jamais ni d'un côté ni d'un autre. A l'égard des Planetes, elles s'en éloignent tantôt vers le feptentrion & tantôt vers le midi; & leurs mouvemens propres fe font dans de grands cercles ou orbites qui coupent l'Ecliptique en deux parties égales. & en deux points oppofés qu'on appelle *Nœuds*, dont l'un eft *Septentrional*, par lequel la Planete paffe du midi au feptentrion, & l'autre *méridional*, par lequel elle paffe du feptentrion au midi. On a donné à ce cercle le nom d'*Ecliptique*, parce que c'eft dans fa circonférence que fe font les éclipfes du Soleil & de Lune.

Le Zodiaque, ou plûtôt l'Ecliptique qui en fait le milieu, eft incliné fur l'Equateur de la quantité de 23 degrés

29. minutes, & forme avec ce cercle un angle de ce même nombre de degrés, qui sert aussi à déterminer la plus grande obliquité de l'Ecliptique, ou sa plus grande distance de l'Equateur.

Cette supposition de 23 degrés 29 minutes pour l'angle que fait l'Ecliptique avec l'Equateur, est assez généralement reçûe par les Astronomes ; & c'est sur ce fondement que Messieurs Picard, Cassini & de la Hire ont établi toutes leurs observations. Mais en comparant les observations faites de nos jours avec celles d'Hiparque, de Ptolomée & des Anciens, on a trouvé que l'obliquité de l'Ecliptique a toujours été en diminuant ; en sorte que du tems de Ptolomée elle étoit de 23 degrés, 51 minutes, 20 secondes, & que depuis ce tems-là elle a toujours diminué. M. le Chevalier de Louville de l'Académie des Sciences de Paris, l'un des plus exacts Observateurs de son tems, a observé en l'année 1715. que cette obliquité n'étoit plus que de 23 degrés, 28 minutes, 24 secondes; & six ans après en l'année 1721. il ne l'a plus trouvée que de 23 degrés, 28 minutes, 21 secondes ; de maniere que, felon lui, cette diminution eſt d'environ une minute par cent ans. Il a donné à ce ſujet en l'année 1716. un ſçavant Mémoire qu'il lut à l'Académie des Sciences, & qui eſt imprimé dans les Journaux de Leipſic, où il rend un compte exact de toutes les obſervations qu'il a comparées enſemble, & ſur leſquelles il fonde ſon ſyſtême. Suivant ce calcul, l'Ecliptique doit dans la ſuite des tems ſe trouver dans le plan de l'Equateur, & ne faire plus qu'un même cercle avec lui; mais malheureuſement cela ne doit arriver que dans cent quarante mille ans d'ici. Ce ſera alors qu'il y aura ſur la terre un Printems perpetuel, & qu'on ne connoîtra plus la viciſſitude des ſaiſons, non plus que l'inégalité des jours & des nuits. Au reſte ce ſyſtême touchant la diminution de l'obliquité de l'Ecliptique s'accommode fort avec une ancienne tradition des Egyptiens, qu'Herodote nous a conſervée. Suivant cette tradition, l'Ecliptique & le Colure des ſolſtices ne faiſoient autrefois qu'un même cercle, c'eſt-à-dire, que l'Ecliptique faiſoit avec l'Equateur un angle de 90. degrés. Si cette tradition étoit fondée, il s'enſuivroit que le monde feroit beaucoup plus ancien qu'on ne le croit ordinairement , puifque dans la fuppofition d'une minute de diminution en cent ans dans l'obliquité de l'Ecliptique , il faudroit qu'il eût déja plus de trois cens 99 mille ans. Mais quoiqu'on ne doive point conclure de cette tradition , que le monde foit auffi ancien , puifque l'Ecriture fainte nous apprend qu'il n'a pas plus de fix ou huit mille ans , cela fert du moins à nous faire voir, que cette variation de l'Ecliptique dont je viens de parler, n'a pas été inconnnue aux Anciens , puifqu'elle a été obfervée par les Egyptiens qui étoient les plus grands Aftronomes de leur tems. (*a*)

L'Ecliptique eft inégalement éloigné des Poles du monde ; & les Poles de ce cercle en font éloignés , comme nous le difons , de 23 degrés 29 minutes ou environ , de maniere qu'ils fe meuvent

(*a*) M. le Monnier, de l'Académie des Sciences , prétend que cette diminution de l'obliquité de l'Ecliptique n'eft point réelle , & que la variation qu'on y a obfervée ne vient que de l'altération des Aftres , Phénomene decouvert de nos jours par M. Bradley célébre Aftronome Anglois. On peut voir là-deffus les Mémoires de l'Academie des Sciences.

avec le reste de la Sphère, & décrivent
par leur mouvement deux petits cercles.

On divise le Zodiaque en douze Signes
ou constellations dont chacune contient
30 degrés, qui est la douziéme partie
du cercle entier. Chacun de ces degrés
se divise en 60 minutes, & chaque
minute en 60 secondes.

Les Anciens ont donné à chacun de
ces Signes le nom de quelque animal
particulier ou de quelque autre figure,
suivant les différens arrangemens des
étoiles dans cette partie du Ciel qui
est aux environs de l'Ecliptique, dans
laquelle ils se font imaginé appercevoir
ces figures. Ils ont ensuite supposé ces
constellations égales entr'elles, & ils
les ont divisées chacune en trente parties égales.

Il ne faut cependant pas se persuader,
que chacun de ces Signes considéré dans
le Ciel ait précisément trente degrés de
largeur; au contraire ils en ont tous
plus ou moins. Ainsi le signe du Belier
a à peine vingt degrés d'étendue; le
Taureau en a presque trente-deux, &
ainsi des autres. C'est pourquoi les Astronomes distinguent ordinairement deux
sortes de Zodiaques, dont le premier

est le Zodiaque visible tel qu'il est dans la Sphère naturelle, & l'autre est le Zodiaque invisible, dans lequel on suppose que tous les signes ont précisément trente degrés de largeur. C'est à ce dernier qu'a rapport la division généralement reçûe dont on se sert dans l'Astronomie.

Voici quel est l'ordre des Signes du Zodiaque, qui se comptent toujours d'Occident en Orient. *Le Belier*, *le Taureau*, *les Gemeaux*, *l'Ecrevisse*, *le Lion*, *la Vierge*, *la Balance*, *le Scorpion*, *le Sagittaire*, *le Capricorne*, *le Verseau*, & *les Poissons*. Ausone a heureusement exprimé la suite de tous ces Signes dans ces deux vers Latins :

Sunt Aries, Taurus, Gemini, Cancer, Leo, Virgo,
Libraque, Scorpius, Arcitenens Caper, Amphora, Pisces.

On divise les douze Signes du Zodiaque en diverses manieres, suivant les différens rapports qu'ils ont avec d'autres cercles.

1°. Par rapport à l'Equateur, on les divise en *Signes septentrionaux*, & en *Signes méridionaux*. Les six Signes septenrionaux font le Belier, le Taureau, les Gemeaux, l'Ecreviffe, le Lion & la Vierge. Les fix autres font appellés Méridionaux.

2°. Par rapport aux points folfticiaux ou au Colure des Solftices, on divife le Zodiaque en deux parties, dont l'une eft appellée *partie Afcendante*, & les Signes qui y font compris, *fignes Afcendans* : l'autre partie eft appellée *partie Defcendante*, & les Signes qui y font compris, *fignes Defcendans*. La *partie Afcendante* pour ceux qui demeurent comme nous dans l'hémifphère Septentrional, contient les Signes qui font depuis le Capricorne jufqu'à l'Ecreviffe, en paffant par le figne du Belier ; & la *partie Defcendante* renferme ceux qui font depuis l'Ecreviffe jufques & compris le Capricorne, en paffant par la Balance.

On appelle cette premiere partie Afcendante, parce que quand le Soleil & les autres Planetes la parcourent, ils femblent monter du point le plus éloigné de notre Zenith vers celui qui en eft le plus proche, ou bien parce qu'ils montent à notre égard de la partie Méridionale du monde dans la partie Septentrionale. L'autre partie a été nommée Descendante par une raison contraire.

Le Zodiaque est la régle & la mesure des mouvemens particuliers des Planetes. Ces mouvemens se font autour des poles du Zodiaque d'Occident en Orient, de la même maniere que le mouvement journalier des Astres se fait d'Orient en Occident autour des Poles du monde.

On a donné à ce cercle dans la Sphère artificielle huit degrés de largeur de part & d'autre de l'Ecliptique, afin de pouvoir y renfermer, comme je l'ai déja observé, les mouvemens de toutes les Planetes, & la partie du Ciel où elles se meuvent.

Le Zodiaque est ainsi nommé du mot Grec ζώδιον qui signifie *animal*, parce que la plus grande partie des Signes dont ce cercle est composé, portent le nom de quelque animal, comme de Belier, de Taureau, de Lion, &c.

L'obliquité de l'Ecliptique sur l'Equateur cause la varieté des saisons, l'inégalité des jours & des nuits, & produit aussi quelques autres apparences, dont j'aurai occasion de parler dans la suite.

Des deux Colures.

Les *deux Colures* font deux grands cercles qui s'entrecoupent à angles droits aux Poles du monde, & qui font l'un & l'autre perpendiculaires à l'Equateur.

On a donné à ces deux cercles le nom de *Colures*, du mot Grec χόλυρος qui veut dire *coupé* ou *retranché*, parce que la plûpart des Habitans de la Terre ne peuvent jamais voir ces cercles en leur entier dans la révolution journaliere des Cieux en 24 heures, y en ayant toujours une partie de cachée, plus ou moins grande, felon les différentes latitudes ou hauteurs de Pole du lieu où l'on eft.

L'un d'eux eft nommé *Colure des équinoxes*, à caufe qu'il paffe par les deux points où l'Equateur coupe l'Ecliptique, qui font, comme je l'ai dit, au commencement des Signes du Belier & de la Balance, & qu'on appelle Points Equinoxiaux, parce que quand le Soleil fe trouve dans ces deux points, les jours font égaux aux nuits par toute la Terre ; ce qui arrive, ainfi que je l'ai déja dit, le 20 Mars pour l'équinoxe du Printems, & le 22

Septembre pour celui de l'Automne.

Avant la réformation du Calendrier Grégorien faite en l'année 1582, l'équinoxe du Printems arrivoit le 10 Mars, c'est-à-dire, environ dix jours plûtôt qu'il n'arrive aujourd'hui ; & cette différence qui étoit déja de dix jours auroit toujours été en augmentant, si le Pape Grégoire XIII. par une Bulle qu'il fit à ce sujet en l'année 1582, après avoir consulté les plus habiles Mathématiciens de l'Europe, n'eût trouvé le moyen de remédier à cet inconvenient ; ce qui fut confirmé & reçû en France par un Edit de Henri III. du mois de Novembre de la même année. En effet les termes Pascals qui avoient été établis dans le Concile de Nicée, commençoient déja à devenir faux au moyen de cette anticipation des équinoxes : car l'équinoxe du Printems arrivant environ le 21 Mars au tems de ce Concile qui se tint en l'année 325, ce même équinoxe pendant l'espace de 1257 ans, c'est-à-dire, jusqu'en l'année 1582. étoit déja rétrogradé de dix jours, ensorte qu'il arrivoit tous les ans une erreur assez considérable dans la célébration de la Páque, à laquelle
Grégoire

Grégoire XIII. jugea qu'il étoit important de remédier.

La cause de ce changement des équinoxes est facile à comprendre. Jules-César, que l'Eglise Romaine avoit suivi, avoit supposé en réformant le Calendrier, que l'année solaire étoit de 365 jours 6 heures; & comme ces six heures au bout de quatre ans formoient un jour entier, il avoit ordonné qu'on ajoûteroit tous les quatre ans un jour à l'année qu'on appella Bissextile, parce que dans cette année qui étoit composée de 366 jours, on comptoit deux fois le sixiéme des calendes de Mars. Ce jour intercalaire qu'on inséroit de quatre ans en quatre ans, s'ajoûtoit immédiatement après le 24. Février, que les Romains appelloient en Latin *sexto calendas Martii*, & se nommoit à cause de cela *bis sexto calendas Martii*, de maniere que le mois de Février de cette année bissextile étoit composé de 29 jours au lieu de 28, comme il l'est encore aujourd'hui.

Mais cette supposition de 365 jours 6 heures pour la durée de l'année solaire n'étoit pas exacte. En effet cette durée, suivant les Observations des plus habiles Mathématiciens, & suivant le

D

concert unanime de tous les Aſtronomes, n'eſt que de 365 jours 5 heures 49. minutes, c'eſt-à-dire, de 11 minutes plus courte que Jules-Céſar ne l'avoit ſuppoſé. Or ces onze minutes de différence faiſoient au bout de quatre ans une erreur de quarante-quatre minutes, c'eſt-à-dire, d'environ trois quarts d'heures, de maniere que tous les quatre ans l'équinoxe ſe trouvoit retardé de cette même quantité. Ce retardement de trois quars d'heures avoit cauſé, comme je viens de le dire, une erreur de dix jours dans l'eſpace des 1257 ans qui s'étoient écoulés depuis le tems du Concile de Nicée, où l'équinoxe du Printems arrivoit le 21 Mars, juſqu'au tems du Pontificat de Grégoire XIII. où l'équinoxe arrivoit le 10 ou 11 du même mois, enſorte que par la ſuite des tems ſans la correction faite par ce Pape, ce même équinoxe ſeroit arrivé au mois de Février, & enſuite en Janvier & en Décembre ; ce qui auroit entierement dérangé les ſaiſons,& tranſpoſé le tems de l'Hiver & de l'Eté. Pour remédier à ces inconveniens, & principalement pour faire enſorte que la Fête de Pâques ſe célébrât toujours

dans le même tems fixé par l'Eglise
au Concile de Nicée, ce même Pape
ordonna, que dans la suite on retrancheroit trois jours en quatre-cens ans,
ce qui est à peu près la durée de l'anticipation des équinoxes suivant le Calendrier de Jules-César ; de maniere que
tous les cent ans l'année qui devoit être
bissextile ne le seroit point , excepté seulement tous les quatre-cens ans où cette
année seroit bissextille comme les autres.
C'est par cette raison que l'année 1700
qui devoit être bissextile, ne l'a point
été. De même les années 1800 & 1900
ne le seront point ; au contraire l'année 2000 le sera, & ainsi de suite. Mais
outre cette correction nécessaire pour
l'avenir, il falloit encore remettre l'é-
quinoxe où il étoit au tems du Concile de Nicée ; & c'est pour cela que
Grégoire XIII. ordonna que dans l'année 1582. immédiatement après le 4
Octobre on retrancheroit dix jours du
Calendrier, ensorte que le lendemain
fut compté le 15 Octobre au lieu du
cinq du même mois. En France cette
réformation n'a été faite que le 10 Décembre de la même année par un Edit
d'Henri III. du mois de Novembre
1582. qui ordonna qu'au lieu de compter

le dix Décembre on compteroit le vingt,
& que le lendemain 21 on célébreroit
la Fête de S. Thomas, & ainsi de suite.

Toutes les Nations Catholiques adop-
terent unanimement cette correction du
Pape, & depuis la plûpart des Etats Protestans qui en ont reconnu la justesse, s'y
sont aussi conformés. En l'année 1700.
à la diette de Ratisbonne, il fut arrêté par
le corps des Protestans de l'Empire,
qu'au 18. Février de cette année on
retrancheroit onze jours du vieux stile
y compris le bissexte de l'année 1700.
qui devoit être retranché suivant la
reformation du Calendrier Grégorien.
Les Anglois eux-mêmes qui avoient
toujours refusé de se soumettre à cette
correction, ont commencé en l'année
1752. à s'y conformer ; ensorte qu'il
ne reste plus aujourd'hui en Europe que
la Moscovie & la Suéde, (outre les Etats
du Grand-Seigneur) où cette correction
n'a point encore été reçûe. (.a)

Ceux qui suivent encore l'ancien Calendrier, ont aujourd'hui 11. jours de

______

(a) Ce retranchement de dix jours peut
servir à expliquer un ancien proverbe dont on
use encore tous lesjours , qui est, *qu'à la saint
Barnabé sont les grands jours d'Eté* ; ce qui

différence depuis l'année 1700. Cette dif-
ference n'étoit auparavant que de dix
jours ; mais parce que l'année 1700. n'a
point été comptée biſſextile par les Peuples qui ont adopté le Calendrier Grégorien, cela a fait encore un jour d'augmentation pour ceux qui ſuivent l'ancien
Calendrier. Ainſi au lieu de compter,
par exemple, le 22 Avril ils ne comptent
que le 11. Néanmoins afin de remédier
aux inconveniens qui pourroient arriver
de cette différente maniere de compter,
ils ont coûtume d'écrire les deux dates
en même tems en forme de fraction,
en cette ſorte, $\frac{11}{22}$ Avril.

Le ſecond des deux colures ſe nom-
me le *Colure des ſolſtices*, parce qu'il marque ſur l'écliptique les deux points où
ſe font les ſolſtices, dont l'un eſt le
premier degré du ſigne de l'Ecreviſſe
où le Soleil ſe trouve le 21 Juin, qui
eſt le ſolſtice d'Eté ; & l'autre le premier degré du Capricorne où le Soleil
ſe trouve le 21 Décembre, qui eſt le

étoit vrai avant l'année 1582, parce qu'alors la
ſaint Barnabé qui arrive le 11. Juin, ſe trouvoit
répondre au 21. du même mois, qui eſt le jour
du ſolſtice d'Eté. Mais depuis le retranchement
des dix jours, ce proverbe eſt devenu faux.

solstice d'Hiver. On appelle ces deux
Points *solstices*, parce que quand le Soleil
y est parvenu, il semble s'arrêter &
demeurer fixe en une même place, sans
continuer en apparence son mouvement
particulier, & sans paroître s'approcher
ni s'éloigner davantage du Pole ; ensorte
que pendant ce tems-là on n'apperçoit
aucune augmentation ni diminution dans
la longueur des jours & des nuits, non
plus que dans les autres apparences qui
sont produites par le mouvement propre du Soleil.

C'est dans le Colure des solstices que
se trouvent les poles de l'écliptique, qui
sont éloignés de 23. degrés 29. minutes des poles de l'équateur ou du
monde, ainsi que je l'ai déja observé.

Les deux Colures ensemble en déter-
minant quatre points dans l'écliptique,
qui sont les deux équinoxes & les deux
solstices, divisent le Ciel en quatre parties égales, & l'année en quatre saisons.
Les signes du Belier, du Taureau &
des Gemeaux sont pour le Printems ;
ceux de l'Ecrevisse, du Lion & de la
Vierge sont pour l'Eté ; les signes de
la Balance, du Scorpion & du Sagittaire sont pour l'Automne ; & les trois

autres, sçavoir, ceux du Capricorne, du Verseau & des Poissons, sont pour l'Hiver.

De l'Horison.

L'Horison est un grand cercle qui divise le monde en deux parties égales ou en deux hémisphères, dont l'un est supérieur & visible, & l'autre inférieur ou invisible.

Ce cercle peut s'observer facilement dans les Cieux. En effet lorsqu'on est dans un lieu plat & découvert, si l'on regarde autour de soi, on verra un grand cercle qui semble joindre la Terre ou la Mer avec le Ciel, & qui termine notre vûe ; c'est ce qu'on appelle *Horison*.

On a donné à ce cercle le nom d'Horison, du mot Grec ὁρίζομαι, qui signifie *déterminer* ; parce qu'une des principales proprietés de ce cercle est de déterminer la partie visible du Ciel, & de la séparer de la partie invisible.

L'Horison consideré par rapport à un lieu particulier de la Terre, est un grand cercle fixe & immobile : car on voit toujours d'un même lieu les mêmes apparences célestes. Mais comme il y a sur la Terre une infinité de lieux, cela fait aussi qu'il y a une infinité d'Horifons. En effet comme chaque lieu peut être regardé comme le centre de fon Horifon, il eſt évident qu'on ne peut aller d'un endroit dans un autre fans changer en même tems d'Horifon ; & cela foit qu'on aille d'Orient en Occident, ou du Septentrion au Midi.

La plûpart des Aſtronomes diſtinguent deux eſpéces d'Horifon, l'un qu'ils appellent *rationel* ou *naturel*, & l'autre qu'ils appellent Horifon *fenfible.*

L'*Horifon rationel*, ainſi nommé parce que l'eſprit feul le conçoit, eſt un grand cercle paſſant par le centre de la Terre, qui divife le Monde en deux parties parfaitement égales, dont l'une eſt fupérieure & l'autre inférieure.

L'*Horifon fenfible* auquel on a donné ce nom, parce qu'on peut aifément le diſtinguer à la vûe, eſt un cercle parallele à l'Horifon rationel, qui touche la furface de la Terre à l'endroit où l'on eſt ; ce qui fait qu'il ne divife pas le Ciel en deux parties préciſément égales comme l'autre Horifon, & que la partie fupérieure ou vifible du Ciel eſt un peu plus petite que la partie inférieure ou invifible. Mais la différence de ces deux Horifons qui n'eſt

caufée que par le rayon ou demi-dia-
métre de la Terre, eft infenfible par
rapport aux Cieux, dont l'étendue eft
prefque infinie, en la comparant à la
groffeur de la Terre qui n'eft qu'un
point à leur égard. En effet en quelque
endroit de la Terre qu'on foit, pourvû
que rien ne borne la vûe, l'expérience
fait voir qu'on découvre toujours la
moitié du Ciel de la même maniere,
que fi l'on étoit au centre de la Terre.
Ainfi en parlant même à la rigueur,
on peut regarder l'Horifon fenfible &
l'Horifon rationel comme un feul &
même Horifon.

On peut encore confidérer l'*Horifon
fenfible* d'une autre maniere, en le pre-
nant pour toute l'étendue de la furface
de la Terre que l'œil peut découvrir
felon l'élevation où il fe trouve; en
forte que cet Horifon eft plus ou moins
grand, fuivant les différentes hauteurs
de l'œil. Quelques-uns appellent cet
Horifon, *Horifon apparent*, pour le diftinguer de l'Horifon fenfible. La diftance
à laquelle la vûe peut s'étendre fur la
furface de la Terre, lorfqu'on eft en
pleine campagne dans un terrein plat,
eft d'environ deux lieuës & demie de

France ; ce qui détermine le demi-dia-
métre de l'Horiſon ſenſible , pour la
hauteur d'un homme ordinaire.

Les Poles de l'Horiſon rationel ſont
nommés *Zenith* & *Nadir* , & ont reçû
ce nom des Arabes. Le *Zenith* qu'on
nomme auſſi *Point vertical* , eſt celui qui
eſt perpendiculairement au-deſſus de
notre tête ; & le *Nadir* eſt celui qui eſt
ſous nos pieds dans la partie du Ciel
qui nous eſt inviſible , & qui eſt diamétralement oppoſé au premier : c'eſt le
Zenith de nos antipodes. Comme il y
a ſur la Terre une infinité d'Horiſons,
il y a auſſi une infinité de Zeniths &
de Nadirs ; enſorte qu'on en change à
chaque pas qu'on fait.

Comme l'Horiſon fait divers angles
avec l'Equateur , ſuivant les différens
lieux où l'on eſt , cela fait qu'on diſ-
tingue encore ſuivant ce rapport deux
eſpéces d'Horiſons , ſçavoir l'*Horiſon
droit* , & l'*Horiſon oblique*. L'*Horiſon droit*
eſt celui qui eſt perpendiculaire à l'E-
quateur , & l'*Horiſon oblique* eſt celui
qui fait avec l'Equateur un angle moindre que 90. degrés. Cette obliquité eſt
plus ou moins grande à proportion que
l'angle eſt plus ou moins aigu ; enſorte

que quand l'Equateur & l'Horifon ne font aucun angle entr'eux , alors ces deux cercles ne font qu'un feul & même cercle, & l'Equateur n'eft point différent de l'Horifon.

Ces différens rapports de l'Horifon avec l'Equateur forment trois différentes pofitions de la Sphère , qu'on appelle *droite , oblique , & parallele.* Quand on eft fous l'Equateur , & qu'on a parconféquent fon zénith dans ce cercle, on a la *Sphere droite* , parceque dans cette pofition l'Horifon paffe par les deux Poles du monde , & coupe l'Equateur à angles droits ; de maniere que toutes les révolutions journalieres fe font auffi à angles droits par rapport à l'Horifon , puifque toutes ces révolutions journalieres fe faifant dans des cercles paralleles à l'Equateur , doivent néceffairement ainfi que l'Equateur , être perpendiculaires à ce même Horifon.

Mais quand on eft entre l'Equateur & les Poles du monde , on a la *Sphere oblique* , parce qu'alors l'Equateur coupe obliquement l'Horifon , faifant avec ce cercle un angle aigu d'un côté , & obtus de l'autre ; ce qui fait que dans

cette position tous les mouvemens journaliers se font obliquement à l'Horison,
comme il arrive en France.

Enfin quand on est sous les Poles du
monde & qu'on y a son Zenith & son Nadir, on est alors dans la position de la
Sphere qu'on appelle *parallele*, parce
que l'Equateur & l'Horison étant unis ensemble ne font plus qu'un seul & même cercle, & que toutes les révolutions
du premier mobile ou des étoiles se font
parallelement à l'Horison, & autour de
ce cercle.

De ces trois différentes positions de
la Sphère il résulte plusieurs apparences
ou propriétés que j'examinerai dans la
suite.

L'Horison a plusieurs usages également importans.

Le premier est de partager le Ciel en
deux hemispheres égaux, dont l'un qui
est supérieur & visible est appellé l'*Hemisphère du jour*, & l'autre qui est inférieure & invisible, est appellé, l'*Hemisphère de la nuit*; ensorte que quand le Soleil se trouve dans le premier de ces
deux hemisphères, il est jour par rapport
à nous, & au contraire il est nuit quand
le Soleil se trouve dans le second.

Le second usage de l'Horison est de déterminer les arcs diurnes & nocturnes de la révolution journaliére du Soleil, & par conséquent la longueur des jours & des nuits dont il cause en partie l'inégalité, comme on le verra ci-après.

C'est sur ce même cercle qu'on voit quels sont les points du lever & du coucher du Soleil & des autres Astres, & par conséquent l'heure où ils se lévent & se couchent. Il marque particuliérement aux endroits où il coupe l'Equateur, les deux points du *vrai Orient* & du *vrai Occident*, qui sont ceux où le Soleil se léve & se couche au tems des équinoxes, & qu'on appelle le *levant* & le *couchant des équinoxes*.

Il montre aussi qu'elles sont les étoiles qui se lévent & se couchent avec le Soleil, & pareillement le dégré de l'Ecliptique qui se léve & se couche avec cet Astre.

C'est sur ce cercle que l'on compte les *amplitudes Orientales* & *Occidentales*, qui ne sont autre chose que l'arc de l'Horison compris entre l'Equateur & le lieu où le Soleil & les autres astres se lévent & se couchent. Les amplitudes orientales sont celles qui sont du côté de

l'orient, & les occidentales, celles qui font
du côté de l'occident. Les unes & les autres
fe comptent tantôt en deçà, & tantôt au-
delà de l'Equateur; c'eft-à-dire tantôt entre l'Equateur & le Nord, & tantôt entre l'Equateur & le Midi, mais toujours
en commençant à compter de l'Equateur.

C'eft de l'Horifon que l'on commence
à compter la hauteur des Aftres, laquelle fe mefure fur de grands cercles
qui paffent par le Zenith & qui coupent
perpendiculairement l'Horifon : ces cercles s'appellent *Azimuths* ou *Verticaux*.
Il fert auffi à déterminer la latitude ou
hauteur de Pole des Villes, qui n'eft
autre chofe que l'arc d'un grand cercle
perpendiculaire à l'Horifon, compris entre le Pole du monde & l'horifon de cette
ville.

L'Horifon eft d'un grand fecours dans
la navigation, en ce que l'on connoît
par le moyen des amplitudes orientales
& occidentales du Soleil quelle eft la variation de la Bouffole, dont l'éguille ai-
mantée décline quelquefois du Nord à
l'Orient, & quelquefois vers l'Occident.
Il fert auffi à connoître les différens
rhumbs de vent dont on ufe fur mer,

& pour cela on le divife en trente-deux
parties égales, dont chacune comprend
un arc de onze dégrés quarante-cinq
minutes, qui eft la trente-deuxiéme
partie de trois-cens foixante dégrés.

La partie ou moitié de l'Horifon qui
eft du côté de l'orient, fe nomme Orientale, & l'autre partie qui eft du côté de
l'Occident, fe nomme Occidentale. La
ligne tirée du Midi au Nord fépare ces
deux moitiés

Du Méridien.

Le *Méridien* eft le dernier des fix
grands cercles de la Sphère. Il paffe
par les Poles du monde & par le Zenith
du lieu dont il eft le Méridien, & coupe
l'Horifon à angles droits aux deux points
qu'on appelle du *Septentrion* & du *Midi*.

On nomme ce cercle Méridien, parce qu'il eft midi dans un endroit auffitôt que le Soleil a atteint le méridien de
ce lieu, & cela pendant tout le cours
de l'année.

Pour connoître ce cercle dans les
Cieux, ou, ce qui eft la même chofe,
dans la Sphère naturelle, on n'a qu'à
imaginer la moitié d'un grand cercle

qui paſſe par le centre du Soleil à midi, & par le Zenith du lieu où l'on eſt,
& qui aille enſuite ſe terminer de côté & d'autre dans l'Horiſon; ce ſera ce
qu'on appelle le Méridien de ce lieu,
lequel diviſe la moitié viſible du Ciel en
deux parties égales, dont l'une eſt appellée *Orientale* & l'autre *Occidentale*.

A l'égard de l'autre demi-cercle qui
eſt caché ſous l'Horiſon, & qui fait un
cercle entier avec le premier dont on
vient de parler, c'eſt le méridien des
antipodes, puiſqu'il paſſe par leur Zenith,
qui eſt le Nadir du lieu oppoſé. Lorſque
le Soleil eſt dans la moitié ſupérieure
de ce cercle, il marque le milieu du jour
par rapport au lieu dont il eſt le méridien, & alors il eſt dans ſa plus grande
élévation ſur l'horiſon de ce même lieu;
mais quand il eſt dans la moitié inférieure & oppoſée, alors il marque le milieu
de la nuit par raport à ce même lieu, &
le point du plus grand abaiſſement du
Soleil au deſſous du même Horiſon.

Comme il y a une infinité de Zeniths
dans le Ciel, il y a auſſi une infinité de
Méridiens, parce qu'à chaque pas qu'on
fait on en change continuellement; ce
qui doit s'entendre néanmoins dans la

fuppofition qu'on aille d'Orient en Occident & d'Occident en Orient : car
quand on va directement du Septentrion
au Midi ou du Midi au Septentrion, quoiqu'on change de Zenith à chaque inftant, on eft cependant toujours fous le
même Méridien.

Parmi ce nombre infini de Méridiens
qu'on peut concevoir d'Orient en Occident, les Géographes n'en comptent ordinairement que 360. qu'ils font paffer
par chacun des dégrés de l'Equateur.

Comme tous ces cercles font femblables & égaux entr'eux, il a fallu néceffairement en déterminer un qui fût
comme le premier de tous, & dont on
commençât à compter tous les autres.
Mais comme ce premier Méridien eft
purement arbitraire, & qu'on peut le
prendre où l'on veut, il a plû aux anciens Géographes de le faire paffer par
l'ifle de Fer qui eft la plus occidentale des
ifles Canaries; & cette pofition a été établie en France le 25 Avril 1634. par une
Ordonnance du Roi, fur l'avis des plus fa-
meux Mathématiciens de l'Europe. Cette
Ordonnance enjoint à tous les Géographes de France de fe fervir de ce premier
Méridien dans leurs Cartes. Les Hollan-

dois font paffer leur premier Méridien par la montagne appellée *le Pic de Ténériffe*, qui eft dans une des ifles Canaries ; d'autres le font paffer par le milieu des Açores; lesEfpagnols le font paffer par la ville de Toléde, & d'autres le placent en différens lieux. A l'égard des Aftronomes, ils font prefque toujours paffer le premier Méridien par le lieu où ils font leurs obfervations. Ainfi les Aftronomes de Paris le font paffer par l'Obfervatoire de cette Ville, à l'exemple de Ptolomée & de Ticho-Brahé qui l'avoient placé, l'un à Aléxandrie en Egypte, l'autre au château d'Uranibourg en Dannemark, lieux de leurs obfervations, & où ils ont dreffé leurs Tables aftronomiques.

Le Méridien eft d'un ufage très-important dans l'Aftronomie & dans la Géographie.

1°. Il détermine l'heure de midi & de minuit pour tous les endroits de la terre qui ont ce méridien, & il divife chacun des deux hemifpheres fupérieur & inférieur en deux moitiés ou parties égales.

2°. Il partage l'hemifphere fupérieur en deux parties ; fçavoir en orientale & occidentale ; & les 24 heures du jour en douze heures du matin qui se comptent dans l'hemisphere orien-tal depuis la partie inférieure du Méri-dien jusqu'à sa partie supérieure ; & en douze heures du soir, qui se comptent dans l'hemisphere occidental depuis la partie supérieure du même Méridien jus-qu'à sa partie inférieure.

3°. Ce même cercle partage en deux parties égales tous les arcs journaliers des mouvemens des astres ; & par consé-quent il marque la moitié du tems que ces mêmes astres demeurent au-dessus de l'Horison.

4°. Il marque la plus grande éléva-tion des astres sur l'Horison; ensorte que quand une étoile a atteint ce cercle, alors elle est dans sa plus grande hauteur, la-quelle va toujours ensuite en dimi-nuant jusqu'à ce que cette étoile se couche.

5°. Il détermine sur l'Equateur la *Lon-gitude* des différens endroits de la terre. Cette longitude n'est autre chose que l'arc ou portion de l'Equateur comprise entre le premier Méridien & le Méridien du lieu proposé, exprimée en dégrés & minutes ; & elle se compte toujours d'oc-cident en orient.

6°. C'est sur le Méridien que se comp-

te la *Latitude* des Villes & autres endroits
de la terre. Cette Latitude eſt l'arc du
Méridien de la ville propoſée compris
entre l'Equateur & le Zenith de
cette ville. Elle eſt tantôt *ſeptentrionale* , & tantôt, *méridionale*. Elle eſt
ſeptentrionale, quand le lieu propoſé eſt
entre l'Equateur & le Pole arctique, ou,
ce qui eſt la même choſe quand ce lieu
eſt dans l'hemiſphère ſeptentrional.
Mais la Latitude eſt *méridionale*, quand
le lieu propoſé ſe trouve ſitué dans l'hemiſphère méridional, ou, ce qui eſt la
même choſe, quand il eſt entre l'Equateur & le Pole antarctique.

La *hauteur de Pole* d'une ville n'eſt
point différente de ſa latitude. Ainſi on
ſe ſert indifféremment de l'une & de l'autre de ces deux expreſſions pour marquer la diſtance de cette ville à l'Equateur. En effet ces deux choſes ſont toujours égales entr'elles; & ſi la latitude
d'un lieu eſt, par exemple, de quarante
dégrés , la hauteur du Pole du monde
ſur l'horiſon de ce même lieu ſera pareillement de quarante dégrés.

Pour démontrer cette verité qui eſt
d'un grand uſage , il faut obſerver que
par toute la terre l'Horiſon & l'Equateur

font un angle enfemble, ou, ce qui eft la même chofe, que l'Equateur fe trouve toujours élevé fur l'Horifon d'un certain nombre de dégrés moindre que 90, qui fe Mefurent fur le Méridien, fi l'on en excepte feulement les endroits qui ont leur horifon droit ou parallele. Cela pofé, il eft conftant que la hauteur de l'Equateur fur l'horifon d'une ville mefurée fur le Méridien, fera toujours égale au complément de la latitude de cette même ville, c'eft-à-dire, que la hauteur de l'Equateur fur l'Horifon jointe à la diftance du Zenith de cette même ville à l'Equateur, formeront enfemble un angle de 90 dégrés, puifque la diftance du Zenith à l'Horifon eft toujours de 90 dégrés. En effet fi de cette diftance du Zenith à l'Horifon vous ôtez la diftance du Zenith à l'Equateur, il eft conftant qu'il reftera la hauteur de l'Equateur au deffus de l'Horifon. Mais la diftance du Zénith au Pole vifible du monde eft égale à la hauteur de l'Equateur fur l'Horifon, puifque cette diftance eft le complément de la latitude, auffi bien que l'angle de l'élévation de l'Equateur fur l'Horifon (car il y a 90 dégrés du Pole du monde à l'Equateur, comme du

Zenith à l'Horifon,) par conféquent la
hauteur du Pole qui eft le complément
de la diftance du Pole du monde au
Zenith, eft égale à la latitude, puifque
les complémens des mêmes angles font
égaux entr'eux.

Exemple.

La Latitude d'Amiens étant fuppofée
de cinquante degrés, pour prouver que
la hauteur du Pole de cette Ville fur fon
horifon eft également de cinquante
degrés, il faut obferver que la diftance du Zenith de cette Ville à l'Equateur étant de cinquante degrés, l'angle de l'Equateur avec l'Horifon fera de
quarante degrés, qui eft le complément
de cinquante degrés, l'un & l'autre
angle étant égaux enfemble à quatre-
vingt dix degrés, diftance du Zenith à
l'Horifon. Mais la diftance du Zenith
d'Amiens au Pole arctique étant pareillement de quarante degrés, puifqu'elle eft le complément de la diftance du
Zenith à l'Equateur, & qu'il y a toujours quatre-vingt dix degrés de l'Equateur au Pole, il eft évident que la hauteur du Pole fur l'horifon d'Amiens fe-

ta de cinquante degrés, & par conséquent que la hauteur du Pole de cette Ville est égale à sa Latitude.

On peut encore démontrer cette regle d'une maniére plus simple. De l'Equateur au Pole il y a quatre-vingt dix degrés ; du Zenith à l'Horison, en passant par le Pole, il y a pareillement quatre-vingt dix degrés. De ces deux arcs égaux entr'eux ôtez en l'arc du Méridien qui leur est commun, sçavoir la distance du Pole au Zenith, il restera de part & d'autre deux arcs égaux, sçavoir d'un côté la distance du Pole au Zenith ou la latitude, & de l'autre la hauteur du Pole sur l'Horison, lesquelles par conséquent sont égales entr'elles, suivant cette regle de Géometrie, que si de deux quantités égales on ôte une même quantité, les restes seront égaux entr'eux.

Il est inutile d'observer ici, que l'élevation du Pole visible sur l'horison d'un lieu est toujours égale à l'abaissement du Pole opposé au-dessous de ce même horison. Ceci paroîtra évident pour peu qu'on y fasse attention.

La regle qui vient d'être établie, reçoit aisément son application dans les lieux qui ont l'Equateur dans leur Ho-

rifon, ou qui ont leur Zenith dans l'E-
quateur. Car dans le premier de ces
deux cas, où l'Equateur & l'Horifon ne
font qu'un feul & même cercle, il eft
conftant que le Zenith n'eft point différent du Pole du monde, & par conféquent, comme la latitude ou la diftance du Zenith à l'Horifon eft de quatre-
vingt dix degrés, de même la hauteur
du Pole qui n'eft autre chofe que le
Zenith, y eft pareillement de quatre-vingt
dix degrés.

Il en eft de même dans le fecond cas
où l'Equateur paffe par le Zenith, &
eft perpendiculaire à l'Horifon. Car alors
comme la latitude eft nullè, puifque le
Zenith eft dans l'Equateur, la hauteur
du Pole fur l'Horifon eft pareillement
nulle, puifque les Poles du monde ou
de l'Equateur font alors dans l'Horifon,
ces Poles étant toujours éloignés de quatre-vingt dix degrés de l'Equateur.

7°. L'Horifon & le Méridien pris enfemble divifent le Ciel & la terre en quatre parties, dont la premiere eft l'*Orientale fupérieure*, la feconde l'*Occidentale fupérieure*, la troifiéme l'*Orientale
inférieure*, & la quatriéme l'*Occidentale
inférieure*,

Quoi

Quoiqu'il y ait une infinité d'Horifons & de Méridiens fur la terre, ainfi que je l'ai prouvé, néanmoins dans la Sphère artificielle il n'y a qu'un feul Horifon & un feul Méridien. Mais par le moyen du mouvement de la Sphère autour des Poles du monde, il eft facile d'appliquer ces deux cercles à tel lieu qu'on veut ; ce qui produit le même effet que s'il y avoit un grand nombre de ces mêmes Cercles.

Des quatre petits Cercles de la Sphère.

Des deux Tropiques.

Les *Tropiques* font deux petits cercles paralleles à l'Equateur, décrits dans la révolution journaliére des Cieux par les premiers points ou degrés du Cancer & du Capricorne.

On peut aifément diftinguer ces deux cercles dans les Cieux, en obfervant le mouvement journalier du Soleil aux deux jours des Solftices, fçavoir le 21 Juin & le 21 Décembre.

L'un de ces cercles eft appellé le *Tropique de l'Ecreviffe* ou *du Cancer*, parcequ'il est décrit par le Soleil lorsqu'il est au premier degré de ce même signe. On le nomme aussi *Tropique d'Eté* par rapport aux habitans de l'hémisphère septentrional, parce que ces Peuples ont leur Eté quand le Soleil parcourt ce cercle. L'autre se nomme *Tropique du Capricorne*, à cause que le Soleil le décrit dans le tems qu'il est parvenu au commencement de ce signe. Il est aussi nommé *Tropique d'Hiver* par rapport à nous, parce que nous avons notre Hiver dans le tems que le Soleil décrit ce même cercle.

On a donné à ces deux Cercles le nom de *Tropiques*, du mot Grec Τροπὴ qui signifie *conversion* ou *retour*, parce que quand le Soleil est parvenu à l'un de ces cercles, il paroît retourner par un mouvement opposé d'une partie du Ciel vers l'autre.

Les deux Tropiques renferment la route du mouvement propre du Soleil dans l'écliptique, & sont comme deux barrieres au-delà desquelles il ne passe jamais.

Ils marquent dans le Méridien la plus grande & la plus petite distance du Soleil au Zenith, par rapport à la plus grande partie des habitans de la terre.

Ce sont eux qui déterminent dans l'Horison les plus grandes amplitudes orientales ou occidentales du Soleil, qui se font aux endroits où cet Astre se leve & se couche au tems des deux Solstices, & qui se mesurent depuis les vrais points d'Orient & d'Occident, ou, ce qui est la même chose, depuis l'Equateur, ainsi que je l'ai déja observé.

C'est dans les deux Tropiques que se fait le plus long & le plus court jour de l'année, & réciproquement la plus longue & la plus courte nuit.

Ils marquent sur l'écliptique les deux points où se font les Solstices, & auxquels le Soleil a sa plus grande déclinaison; c'est-à-dire, où il est dans sa plus grande distance à l'Equateur.

Chacun de ces deux cercles est éloigné de l'Equateur de vingt-trois degrés vingt-neuf minutes, qui est la plus grande inclinaison de l'écliptique; & l'intervalle compris entre ces deux cercles, & mesuré sur un Méridien, est de quarante-sept degrés ou environ.

Cet intervalle de quarante-sept degrés compris entre les deux Tropiques, détermine sur le Globe Terrestre l'espace

de terre qu'on nomme *Zone Torride* ou
Brûlée; parce que le Soleil étant toujours
dans cet intervalle, darde ses rayons à
plomb successivement sur tous les endroits de la terre qui se trouvent compris
dans cette étendue, & y cause de grandes sécheresses, & des chaleurs brûlantes.

Ces deux cercles déterminent aussi les
limites, qui séparent la Zone Torride
des deux Zones temperées.

Enfin ils marquent sur l'Horison quatre points qu'on nomme ordinairement
points collatéraux, qui sont l'Orient
d'Eté & l'Occident d'Eté, l'Orient d'Hiver & l'Occident d'Hiver; & la distance de ces mêmes points aux deux points
du lever & du coucher du Soleil au tems
des équinoxes, détermine les plus grandes amplitudes orientales & occidentales
dont je viens de parler.

Des Cercles polaires.

Les *Cercles polaires* sont deux petits
Cercles parallèles à l'Equateur, qui sont
décrits par les Poles de l'écliptique dans
la révolution qui se fait tous les jours,
des Cieux autour de la terre. On les

nomme pour cette raison *Cercles polaires* ; ou bien encore, parce qu'ils font
voifins des Poles du monde.

L'un d'eux eft appellé *Cercle polaire
arctique*, fçavoir celui qui eft vers le
Pole arctique ; l'autre fe nomme *Cercle polaire antarctique*, par une raifon
contraire.

Chacun de ces deux cercles eft éloigné de l'Equateur de foixante-fix degrés
31 minutes ; & par conféquent leur diftance à chacun des deux Poles du monde eft de vingt-trois degrés vingt-neuf
minutes, qui eft égale à l'inclinaifon de
l'écliptique fur l'Equateur.

Ils montrent le lieu des Poles de l'é-
cliptique à l'endroit où ils coupent le colure des Solftices.

Ces deux cercles fervent de bornes
aux *Zones froides* & aux *Zones tempérées*
qu'ils féparent les unes des autres, & ils
déterminent l'efpace ou l'étendue des Zones froides qui font comprifes entre la
circonférence de ces cercles & les Poles
du monde. Les *Zones froides* font ainfi appellées, parce qu'il y régne prefque toujours un très-grand froid, le Soleil n'y en-
voyant jamais fes rayons que très-oblique-
ment, comme je le dirai dans la fuite.

Les deux Cercles polaires & les deux Tropiques renferment les Zones qu'on nomme *Zones tempérées*, parce que le Soleil y envoie ses rayons plus obliquement que dans la Zone torride, & moins obliquement que dans les Zones froides; ce qui fait que le climat de ces Zones n'est ni chaud ni froid, & qu'il est beaucoup plus propre pour la culture des terres.

Si l'on examine la maniére dont l'Equateur, les deux Tropiques & les deux Cercles polaires divisent ensemble le Ciel & la terre, on trouvera qu'ils les partagent en cinq Zones ou bandes; sçavoir la Zone torride qui est dans le milieu, & qui est partagée par l'Equateur en deux parties égales; les deux Zones tempérées, qui sont renfermées entre les Tropiques & les Cercles polaires; & les deux Zones froides qui sont entre les Cercles polaires & les Poles du monde, qui font le milieu de ces Zones. Virgile a exprimé élegamment cette division du Ciel dans les vers suivans, au premier livre de ses Géorgiques.

Quinque tenent Cælum Zónæ, quarum una corusco
Semper Sole rubens, & torrida semper ab igne.

Quam circum extremæ dextrâ lævâque trahuntur,
Cæruleâ glacie concretæ atque imbribus atris :
Has inter mediamque duæ mortalibus ægris
Munere conceffæ divûm, & via fecta per ambas ,
Obliquus quâ fe Signorum verteret ordo.

Dans le fyftême de la variation de l'écliptique dont j'ai parlé ci-deffus, l'intervalle ou l'étendue de ces cinq Zones varie continuellement, de maniére que la Zone torride deviendra toujours de plus étroitte en plus étroite par la fuite des tems, ainfi que les deux Zones froides , qui ont toujours leur étendue proportionnée à la plus grande inclinaifon de l'écliptique fur l'Equateur. Les deux Tropiques s'approcheront toujours de plus en plus de l'Equateur, jufqu'à ce qu'ils ne faffent plus qu'un même cercle avec lui. De même les deux Zones froides iront toujours en fe rétreciffant & en s'approchant des Poles du monde, jufqu'à ce qu'elles foient réduites à un feul point qui ne différera point du pole même. Il arrivera par la même raifon, en conféquence de ces fuppofitions, que les deux Zones tempérées iront toujours en augmentant, qu'à la fin chacune d'elles occupera la moitié

E iiij

du Globe, & qu'enfin le Ciel & la terre ne feront plus partagés qu'en deux Zones, dont l'une occupera l'hemifphère feptentrional du monde, & l'autre l'hemifphère méridional.

Du Cercle horaire.

Outre les dix Cercles que je viens d'examiner, on met encore ordinairement dans la Sphère artificielle un petit cercle parallele à l'Equateur, & placé vers le pole feptentrional du monde : on appelle ce petit cercle, *Cercle horaire.* Sa circonférence eft divifée en vingt-quatre parties égales, dont chacune répond à une heure du jour, ou à quinze dégrés de l'Equateur. Ces vingt-quatre parties ou heures font tellement difpofées, que la douziéme & la vingt-quatriéme heure font dans le Méridien de la Sphère. Le centre de ce Cercle eft dans l'axe du monde, & à ce centre eft attachée une petie éguille ou *index*, qui parcourt fucceffivement toutes les parties de la circonférence de ce même cercle, lors qu'on fait tourner la Sphère autour de fon axe. De plus la Sphère étant immobile, cette éguille peut auffi fe placer

fur l'heure qu'on veut. Ce petit cercle
ne fait pas, à proprement parler, partie
de la Sphère ; mais il y a été mis feulement pour fervir à refoudre plufieurs
queftions qu'on peut propofer touchant
la Sphere : comme de trouver l'heure
du lever & du coucher du Soleil à certain jour de l'année pour un lieu de la
terre donné ; de fçavoir à quelle diftance de l'Orient le Soleil fe trouvera à
fon lever dans un certain lieu , & autres
problêmes femblables.

Voilà quels font les points, les lignes & les Cercles qu'on a coutume
de diftinguer pour l'explication de la
Sphère. Mais outre ceux-là, les Aftronomes en imaginent encore un grand
nombre d'autres pour rendre raifon des
apparences céleftes. Tels font les Cercles de déclinaifon, ceux d'afcenfion
droite & oblique , les Azimuths ou
Verticaux, les Almacantarats, les Cercles horaires & plufieurs autres. Je ne
parlerai point ici de tous ces différens
cercles, parce que ce feroit aller au-
delà des bornes que je me fuis propo-
fées ; il y en a feulement quelques-uns
dont la connoiffance eft néceffaire pour
comprendre la caufe des principales

apparences célestes que je dois ici examiner : ce sont les *Cercles diurnes* ou *journaliers*, auxquels il est à propos de s'arrêter un peu, puisque c'est par le moyen
de ces cercles qu'on peut connoître facilement quelle est la cause de la variété des jours & des nuits par toute la
terre.

Mais auparavant, voyons quelles
font les principales propriétés qui réfultent des différentes positions de la
Sphère, qui ont été établies en parlant
de l'Horison.

CHAPITRE V.

Des différentes positions de la Sphère, &
des principales propriétés qui en
réfultent.

ON a vû ci-dessus que suivant les différens angles de l'Horison avec l'E-
quateur, il en réfultoit aussi différentes pofitions de la Sphère ; & entre ces positions
nous en avons remarqué trois principales,
fçavoir, celle de la *Sphère droite*, lorfque
l'Équateur coupe perpendiculairement
l'Horison ; celle de la *Sphère oblique*,

quand l'Equateur coupe obliquement l'Horifon; & celle de la *Sphère parallele*, ainfi appellée, parce que dans cette pofition l'Horifon eft parallele à l'Equateur, ou plutôt ne forme avec lui qu'un feul & même cercle. Ces trois différentes pofitions donnent lieu à plufieurs propriétés différentes que je vais examiner.

De la Sphère droite.

1°. Dans la *Sphère droite*, l'Equateur étant perpendiculaire à l'Horifon & paffant par le Zenith, il eft évident que toutes les révolutions journaliéres des Aftres qui fe font dans des cercles paralleles à l'Equateur, fe font fur l'Horifon à angles droits.

2°. Tous ces cercles paralleles du nombre defquels font les deux Tropiques, les deux Cercles polaires, & en général tous les Cercles décrits par le Soleil, la Lune & les autres Aftres dans la révolution journaliére des Cieux, font toujours coupés par l'Horifon en deux parties égales; ce qui vient de ce que l'Axe du monde qui paffe par le centre de tous ces cercles paralleles, eft dans le plan de l'Horifon, dont il eft un des diamêtres.

Cette propriété est cause que le Soleil fait un équinoxe perpétuel dans la Sphère droite, & que les autres Astres demeurent toujours douze heures au-dessus de l'Horison de cette Sphère, & douze heures au-dessous. Il est cependant vrai, pour parler plus exactement, que les Planetes, sur tout les Planetes inférieures, à cause de leur mouvement particulier d'Occident en Orient qui semble retarder leur mouvement journalier, sont un peu plus de douze heures au-dessus de l'horison de la Sphère droite, & principalement la Lune, qui y reste près de vingt-quatre minutes de plus ; mais cette différence n'empêche pas que le tems que ces Astres demeurent au-dessus de cet horison, ne soit égal au tems qu'elles sont au-dessous.

3°. Dans cette position il n'y a aucune partie du Ciel qui ne soit visible ; c'est pourquoi on y voit successivement toutes les étoiles & tous les autres Astres sans aucune exception.

4°. La plus grande amplitude du Soleil, soit orientale, soit occidentale, y est toujours de vingt-trois dégrés vingt-neuf minutes, & égale à la distance de chacun des deux Tropiques à l'Equateur.

De la Sphère parallele.

1°. Dans la *Sphère parallele*, l'Equateur & l'Horifon ne font qu'un feul & même cercle, & par conféquent l'Axe du monde qui eft celui de l'Equateur, n'eft point différent de celui de l'Horifon. Ainfi dans cette pofition, le Zenith & le Nadir ne font autre chofe que les deux Poles du monde ou de la Sphère célefte.

2°. Toutes les révolutions des Cieux s'y font dans des Cercles paralleles à l'Horifon ; ce qui eft aifé à concevoir.

3°. Dans cette pofition la hauteur du Pole eft de quatre-vingt dix dégrés ; & par conféquent elle eft la plus grande qu'il foit poffible.

4°. Comme l'Equateur y tient lieu d'Horifon, & qu'il eft au milieu de tous les Cercles diurnes ou journaliers que le Soleil parcourt fucceffivement en un an, la moitié de ces mêmes paralleles eft toujours au-deffus de l'Horifon, & l'autre moitié toujours au-deffous ; de maniére que les Peuples qui habitent ces climats ont fix mois de jour & fix mois de nuit, & qu'à leur égard le Soleil ne fe leve & ne fe couche qu'une fois en une année, laquelle par rapport à eux n'eft compofée que d'un jour & d'une nuit. Par la même raïfon, ces Peuples voyent la Lune pendant quinze jours de fuite, qui eft la moitié du tems que cet Aftre emploie à parcourir fon cercle d'Occident en Orient; & pendant les autres quinze jours elle eft cachée fous leur horifon. Suivant les mêmes principes, Saturne paroît continuellement à leurs yeux pendant quinze ans, Jupiter pendant douze ans, & ainfi à proportion des autres Planetes.

5°. A l'égard des étoiles, on n'en peut jamais voir que la moitié dans cette pofition, fçavoir celles qui font dans la partie du monde vifible; mais on les y voit continuellement: quant à celles qui font dans la partie inférieure du Ciel, on ne les voit point du tout; en forte que dans cette Sphère on ne voit jamais aucune étoile fe lever ni fe coucher; mais les mêmes étoiles reftent toujours fur l'Horifon, & ne font que tourner continuellement autour.

De la Sphère oblique.

1°. Dans la *Sphère oblique*, l'Horifon

& l'Equateur se coupent obliquement, & font ensemble un angle aigu d'un côté & un angle obtus de l'autre ; de maniére que toutes les révolutions diurnes de la Sphère s'y font à angles obliques sur l'Horifon.

2°. Dans cette position, le Zenith est hors l'Equateur, & toujours entre ce cercle & l'un des Poles du monde ; il en est de même du Nadir.

3°. L'un des Poles du monde est toujours élevé au-dessus de l'Horifon & toujours visible. L'autre est invisible & perpétuellement au-dessous (*a*) ; & la hauteur de l'un est toujours égale à l'abaissement de l'autre, & d'un même nombre de dégrés.

4°. Les deux Tropiques & les autres paralleles que le Soleil & les autres Planetes décrivent par leur révolution journaliére, font coupés par l'Horifon en deux parties inégales, à la réserve seulement de l'Equateur ; de maniére que les parties de ces paralleles qui font ap-

---

(*a*) C'est ce que Virgile exprime dans ces deux vers :

Hic vertex nobis semper sublimis ; at illum
Sub pedibus Styx atra videt, manesque profundi
(Georgic. lib. 1.)

parentes & au-deſſus de l'Horiſon, ſont
plus grandes en-deçà de l'Equateur, &
le ſont d'autant plus qu'elles approchent
davantage du Pole viſible. Au contraire
plus ces paralleles s'éloignent de l'Equateur
& approchent du Pole oppoſé, plus les
parties des cercles que nous voyons ſont
petites ; en ſorte que quand ils en ſont
à une certaine diſtance, nous ne les apper-
cevons plus. Ainſi, les Peuples qui ſont
du côté du Pole arctique, ont une partie
du Tropique de l'Ecreviſſe & des autres
paralleles qui ſont ſur leur horiſon en-
deçà de l'Equateur, plus grande que
celle qui eſt au-deſſous ; & au contraire
la partie de tous les paralleles qui ſont
au-delà de l'Equateur du côté du Pole
antarctique au-deſſus de l'Horiſon, eſt
plus petite que celle qui eſt au-deſſous.
De là vient que dans la Sphère oblique
les jours ne ſont jamais égaux aux nuits
pendant toute l'année, excepté aux jours
des équinoxes, où le Soleil étant dans l'E-
quateur, fait les jours égaux aux nuits
par tout le monde, parce que l'Equateur
& l'Horiſon étant de grands cercles, il
eſt néceſſaire qu'ils ſe coupent en deux
parties égales, ainſi que je l'ai déja obſervé. par conſéquent, en quelque horiſon

de la terre que ce soit, il y a toujours
la moitié de l'Equateur au-dessus, &
l'autre moitié au-dessous.

5°. Dans cette position de la Sphère,
il y a une partie du Ciel toujours visible & qui ne se cache jamais au-
dessous de l'Horison ; & une autre partie au contraire qui est toujours cachée &
invisible. Ainsi il y a des étoiles que l'on
voit toujours, & d'autres qu'on n'apperçoit jamais. Pour déterminer cette partie du Ciel que l'on voit toujours, il
faut remarquer qu'entre tous les paralleles qui sont entre l'Equateur & le Cercle polaire du côté du pole visible, il
y en a un qui est tout entier au-dessus
de l'Horison, le touchant en un point ;
& c'est le plus grand de tous les paralleles qui sont entiérement visibles, de maniére que toute la partie du Ciel comprise entre ce même parallele & le pole apparent, est celle que l'on voit toujours. Ainsi toutes les étoiles comprises
dans cette partie du Ciel sont toujours
visibles, & ne se couchent jamais ; comme sont à Paris la constellation de la grande Ourse, celle de Cassiopée & quelques
autres. De même, de l'autre côté de l'E-
quateur, il y a un autre parallele, le

plus grand de tous ceux qu'on ne voit point, qui borne toute la partie du Ciel invisible; & les étoiles qui sont dans cette partie du Ciel sont toujours cachées. La partie du Ciel visible & apparente est égale à celle qu'on ne voit point. Les deux paralleles qui touchent l'Horison de la Sphere naturelle, déterminent ces deux parties du Ciel, dont l'une est toujours visible, & l'autre toujours cachée. Il est facile de découvrir ces propriétés dans la Sphere artificielle, en élevant un des Poles de cette Sphere au-dessus de l'Horison.

CHAPITRE VI.

Des Cercles diurnes, & de la cause de la variété des jours & des nuits par toute la terre.

Les Cercles *diurnes* ou *journaliers*, sont des Cercles paralleles à l'Equateur, qui passent par chacun des dégrés de l'écliptique, & que le Soleil parcourt chaque jour par son mouvement journalier d'Orient en Occident.

Ces Cercles ne sont pas exactement

paralleles à l'Equateur, parce que le Soleil ne demeurant pas toujours dans un même dégré de l'écliptique, & avançant chaque jour d'un dégré dans ce même cercle par son mouvement propre, il est nécessaire qu'il s'approche successivement des Tropiques, & qu'ensuite il s'en éloigne, & que par conséquent il décrive son cercle journalier en forme de ligne spirale ou de vis de limaçon. Ainsi quand le Soleil a parcouru l'Equateur, il doit aller un peu obliquement pour rejoindre le Cercle diurne qui passe par le dégré suivant de l'écliptique, & faire la même chose le lendemain; d'où il est aisé de voir que la révolution journaliere de cet Astre doit nécessairement se faire en forme de vis ou de spirale, & que cela doit avoir lieu en général pour tous les Cercles qui passent par les différens dégrés de l'écliptique. Or comme l'écliptique contient trois cens soixante dégrés, & que chacun de ces Cercles diurnes doit couper l'écliptique en deux points, il y a en tout cent quatre-vingt de ces Cercles ou spirales, & quatre-vingt-dix de chaque côté de l'Equateur. On appelle ces cercles, quoiqu'improprement,

Cercles des jours civils, qui font ceux dont on fe fert communément dans l'ufage de la vie.

Pour bien comprendre ce que c'eft que le *jour civil*, il faut fçavoir que c'eft une révolution entiére de l'Equateur, avec une partie du même Equateur qui répond au dégré de l'écliptique que le Soleil a parcouru pendant cette révolution par fon mouvement particulier ; de forte que le jour civil eft un peu plus long que les vingt-quatre heures équinoxiales, puifque avec la révolution entiére de l'Equateur, il y a encore une petite partie du même Equateur que l'on ajoute, ce qui rend le jour civil un peu plus long que le tems de vingt-quatre heures équinoxiales. Cette différence eft d'environ quatre minutes.

Le jour civil eft compofé de deux parties, dont l'une retient le nom de *jour*, & l'autre s'appelle *nuit*. Le *jour* contient l'efpace de tems compris depuis le lever du Soleil jufqu'à fon coucher, & la *nuit* comprend l'autre partie, qui eft depuis fon coucher jufqu'à fon lever.

Mais comme la durée des jours & des nuits eft inégale prefque par tout a terre, & qu'elle varie suivant les différentes maniéres dont les Cercles diurnes ou journaliers sont coupés par l'Horison, & selon qu'ils en sont coupés plus ou moins obliquement, voyons plus particuliérement quelle est la cause de cette variété.

Dans la Sphère droite, qui, ainsi qu'on l'a vû, a son Zenith dans l'Equateur, les jours sont égaux aux nuits pendant toute l'année; ce qui vient de ce que l'horison de cette Sphère passant par les Poles du monde, coupe tous les Cercles diurnes en deux parties égales.

Dans la Sphère oblique, jusqu'aux Cercles polaires les jours sont inégaux aux nuits pendant toute l'année, excepté seulement au tems des équinoxes; ce qui vient de ce que l'horison de cette Sphère coupe tous les Cercles diurnes, si l'on en excepte l'Equateur, en deux parties inégales. Cette irrégularité est d'autant plus grande, que la latitude ou hauteur du pole est considérable; en sorte que dans les endroits de la terre où le pole est plus élevé, les jours sont plus longs, toutes choses dailleurs égales, & les nuits plus courtes, que dans les lieux où ce pole est moins élevé; ce

qui rend les jours inégaux aux nuits, &
toujours de plus en plus, à mesure que
la hauteur du pole augmente, jusqu'à
ce que cette hauteur étant parvenuë à
soixante - six dégrés & demi, qui est
celle des Peuples qui habitent sous les
Cercles polaires, le plus long jour d'Eté
y est de vingt-quatre heures entiéres.
Ceci est facile à concevoir, parce qu'à
cette hauteur du pole, le Tropique d'E-
té est entiérement élevé au-dessus de
l'Horison, & ne le touche qu'en un point.
Par la même raison, quand le Soleil
décrit le Tropique d'Hiver, ces Peuples
n'ont point de jour, mais seulement une
nuit de vingt-quatre heures, parce que
ce tropique est entiérement caché au-
dessous de leur horison, & qu'il ne le
touche qu'en un point.

Il est bon d'observer que dans quelque position que ce soit de la Sphère
oblique, les Cercles diurnes ou journaliers, qui sont également éloignés de
l'Equateur de part & d'autre, sont coupés par l'Horison d'une maniére semblable ; ensorte que la partie du
Cercle diurne qui est au-dessous de l'Horison du côté du Septentrion, est entiérement égale à la partie du Cercle diur-

ne correspondante qui est au-dessous du même Horison du côté du Midi ; ce qui rend dans chaque endroit de la Sphère oblique les longs jours d'Eté réciproquement égaux aux longues nuits d'Hiver, & les plus courtes nuits d'Eté égales aux plus courts jours d'Hiver.

Il faut aussi observer que les Peuples qui sont près de l'Equateur, ont moins d'inégalité dans leurs jours & dans leurs nuits, que ceux qui en sont les plus éloignés ; d'où il suit, que les plus grands jours d'Eté de ceux-ci sont plus longs que les plus grands jours d'Eté de ceux-là ; & qu'au contraire les plus courtes nuits d'Eté de ces derniers sont moins longues que les plus courtes nuits d'Eté des autres. Il faut dire le contraire des plus courts jours & des plus longues nuits d'Hiver ; d'où il résulte pour chaque Peuple de la terre une compensation égale de jour & de nuit pendant tout le cours de l'année, qui rend partout les plus longs jours d'Eté égaux aux plus longues nuits d'Hiver, & les plus courtes nuits d'Hiver égales aux plus courts jours d'Eté. Ainsi dans la Sphère oblique, de même que dans la Sphère droite, on trouve que la durée totale des jours est égale à la durée totale des nuits.

Aurefte tout ceci fuppofe qu'on n'a point d'égard à l'effet caufé par la réfraction des rayons du Soleil le matin & le foir, qui fait que la lumiére du jour précéde le lever du Soleil & dure encore quelque tems après fon coucher, ce qu'on appelle *Aurore* & *Crépufcule*; ce qui rend les jours plus longs qu'ils ne devroient l'être, fi on ne les comptoit que depuis le lever du Soleil jufqu'à fon coucher.

Dans la Sphère oblique, comprife depuis les Cercles polaires jufqu'aux poles, il y a en Eté plufieurs jours fans nuit, & en Hiver plufieurs nuits fans jour. La raifon en eft, qu'il y a dans cette pofition de la Sphère deux parties de l'écliptique qui ne fe lévent & ne fe couchent jamais dans la révolution journaliere du Ciel; ce qui fait que les Cercles diurnes ou journaliers qui paffent par les degrés de ces deux portions de l'écliptique, font les uns tout entiers au-deffus de l'Horifon, & les autres entiérement au-deffous.

Quand le Soleil parcourt les Cercles diurnes qui fon tentiérement au-deffus de l'Horifon, il y fait autant de révolutions journalieres fans fe coucher,

&

& par conséquent autant de jours sans nuits qu'il y a de ces cercles compris entre l'Horison & le Tropique. Par la même raison, lorsque le Soleil parcourt les autres Cercles paralleles qui sont au-dessous du même Horison, il fait autant de révolutions nocturnes, & par conséquent autant de nuits sans jour : car il y a toujours un même nombre de ces cercles au-dessous de l'Horison qu'il y en a au-dessus. Mais il faut observer qu'à mesure qu'on approche plus près du pole, il y a un plus grand nombre de ces Cercles diurnes au-dessus de l'Horison & un plus grand nombre au-dessous, parce qu'alors l'arc ou la portion de l'éclptique qui ne se couche ou ne se leve jamais, est d'autant plus grande ; ce qui fait que dans ces endroits les jours d'Eté & les nuits d'Hiver sont de plusieurs mois de suite.

Dans la Sphère parallele qui a l'un des Poles de l'Equateur au Zenith & l'autre au Nadir, il y a six mois de jour de suite & six mois de nuit ; de maniére que toute l'année n'y est composée que d'un seul jour & d'une seule nuit. La raison en est que dans cette position de la Sphère, une des moitiés de l'écliptique comprise depuis un équinoxe à l'autre, est perpétuellement au-dessus de l'Horison, & l'autre perpétuellement au-dessous, parce que l'Equateur de cette Sphère lui sert d'Horison, & que par consequent cet Horison coupant l'écliptique en deux parties égales aux deux points des équinoxes, fait que l'une de ces moitiés reste toujours au-dessus, & l'autre au-dessous. D'où il suit que les habitans de cette Sphère doivent avoir six mois de jour de suite, puisque le nombre des révolutions journalieres du Soleil comprises dans la moitié ou les cent quatre-vingt degrés de l'écliptique élevés au-dessus de l'Horison, est de cent quatre-vingt, ou plutôt de cent quatre-vingt-trois, qui est la moitié du nombre des jours compris dans une année entiére; ce qui vient de ce que le Soleil parcourt un peu moins d'un degré chaque jour dans l'écliptique. Or ces cent quatre-vingt-trois révolutions répondent aux six mois que le Soleil emploie pour aller de l'Equateur au Tropique, & revenir ensuite du Tropique à l'Equateur. Par la même raison, il doit y avoir dans cette Sphère six mois de nuit de suite, parce que quand le Soleil a une fois paslé au-delà de l'Equateur, il reste caché sous l'horison de ces Peuples, & ils ne voient plus cet Astre, qu'après six mois entiers qu'il emploie à parcourir l'autre moitié de l'écliptique qui est cachée sous leur horison. Il en est de la Lune comme du Soleil; elle doit paroî-tre pendant quinze jours de suite sur l'horison de ces Peuples, & rester cachée au-dessous pendant un pareil espace de tems; & ainsi à proportion pour les autres Planetes.

Au reste, il faut faire ici la même observation que ci-devant. Quand on dit que la nuit dure six mois de suite sous les Poles, on y comprend les aurores qui commencent environ deux mois avant le lever du Soleil, & les crépuscules qui ne finissent que deux mois ou environ après son coucher. Ainsi, pour parler plus exactement, ces Peuples n'ont que deux mois de nuit; mais ils sont six mois de suite sans voir le Soleil; ce qui n'est pas encore exac-tement vrai, à cause de la réfraction qui fait paroître le Soleil dans l'Horison avant qu'il soit levé, & lorsqu'il est en-core un demi-degré ou environ au-des-sous; ce qui fait que ces Peuples voient le

Soleil pendant quatre ou cinq jours de
plus qu'ils ne devroient le voir en effet.

***

CHAPITRE VII.

De la cause pour laquelle les jours & les nuits croissent & diminuent inégalement dans les différentes saisons de l'année.

CEtte cause vient de l'inégalité qu'il
y a dans l'augmentation ou diminution des différentes déclinaisons du Soleil.

On entend par la *déclinaison du Soleil*,
la distance de cet Astre à l'Equateur,
prise sur un Méridien. Cette distance est
nulle, lorsque le Soleil décrit l'Equateur ; & elle est la plus grande qu'il
soit possible lorsque le Soleil décrit l'un
des deux Tropiques, auquel cas elle est
de vingt-trois degrés & demi, qui est la
plus grande distance ou inclinaison de
l'écliptique à l'Equateur.

Quoique le Soleil parcoure chaque
jour environ un degré dans l'écliptique,
& aille toujours d'un mouvement égal,
il n'en est pas de même de sa déclinaison : cette déclinaison n'augmente & ne

diminue pas tous les jours dans la même
proportion. Ainsi, par exemple, si la déclinaison du Soleil est plus grande aujour-
d'hui de deux dégrés qu'elle n'étoit il y a
huit jours que je suppose avoir été le tems
de l'équinoxe, cette augmentation ne
sera pas de deux degrés pendant les
huit jours suivans; mais elle ne sera,
par exemple, que d'un degré & demi, &
huit jours après elle ne sera que d'un degré; en sorte que quand le Soleil sera proche des Tropiques, il n'y aura point de
changement sensible dans l'augmentation ou diminution de cette déclinaison.

La raison en est sensible. Quand le Soleil parcourt les dégrés de l'écliptique qui
sont proches de l'Equateur, l'arc que
cet Astre décrit par son mouvement particulier d'Occident en Orient, est le
plus incliné à l'Equateur qu'il soit possible, puisqu'alors cette inclinaison est
de vingt-trois degrés & demi; mais à
mesure que le Soleil avance dans l'écliptique en allant gagner les Tropiques, il
est évident que l'arc qu'il décrit par son
mouvement particulier, est moins incliné sur l'Equateur, en sorte que quand
il décrit les Tropiques, cet arc est
parallele à l'Equateur; ce qui est une

suite néceſſaire de la nature du cercle &
de ſa rondeur. Il ſera aiſé de ſe convaincre de ce que je dis, en faiſant cette obſervation dans la Sphère artificielle.

Cela poſé, on n'aura pas de peine à
comprendre qu'à meſure que le Soleil,
avance de l'Equateur vers les Tropiques,
ſa déclinaiſon va à la vérité toujours
en augmentant; mais cette augmentation va toujours en diminuant; en ſorte que quand le Soleil a atteint l'un des
Tropiques, cette déclinaiſon n'augmente
ni ne diminue pas ſenſiblement pendant
quelques jours. Au contraire, quand il
quitte le Tropique pour aller regagner
l'Equateur, ſa déclinaiſon va tous les
jours en diminuant, mais cette diminution va toujours en augmentant; en ſorte que cette augmentation eſt la plus
grande qu'il ſoit poſſible quand le Soleil
eſt parvenu ſous l'Equateur.

Voilà la raiſon pour laquelle nos jours
croiſſent & diminuent conſidérablement
au tems des équinoxes, c'eſt-à-dire,
au commencement du Printems & de
l'Automne, & pourquoi au contraire ils
ſont quelque tems ſans croître ni diminuer au tems des ſolſtices, c'eſt-à-
dire, quand nous commençons à avoir

notre Hiver & notre Eté.

Après avoir examiné tout ce qui regarde les cercles & autres parties de la Sphère considérés dans le Ciel, je vais les considérer maintenant sur le Globe terrestre, & expliquer les diverses aprences qui en résultent.

CHAPITRE VIII.

Des Points, Lignes & Cercles de la Sphère considérés sur le Globe Terrestre.

LE Globe terrestre est, comme on l'a dit ci-dessus, composé de la terre & de l'eau, qui font ensemble un corps assez exactement sphérique. On appelle *Géographie*, la science qui a pour objet la description de la terre ; & celle qui ne considere que l'eau se nomme *Hydrographie*, quoique cependant on emploie le plus souvent le mot de Géographie pour exprimer l'un & l'autre.

Sans entrer dans les différentes divisions de la Géographie que je ne me suis point proposée ici pour objet, il suffira d'observer qu'elle se divise en

deux parties principales, dont la premiere confidere les proprietés de la terre par rapport au mouvement journalier & annuel du Soleil, & explique les
cercles qu'elle emprunte pour cet effet
de la Sphère célefte : l'autre renferme
la defcription de toutes les régions,
mers & rivieres qui font fur la furface
du Globe terreftre. C'eft cette derniere
partie qui regarde, à proprement parler,
les Géographes. A l'égard de l'autre partie, je me propofe ici de l'expliquer.

Tous les Points, Lignes & Cercles
que les Aftronomes ont imaginés dans
le Ciel, & dont il a été parlé ci-devant,
fe confiderent fur la fuperficie convexe
de la terre de la même maniere que
fur la fuperficie concave du Ciel, &
ils y confervent exactement entr'eux les
mêmes rapports & le même arrangement; ce qui fait que les mêmes apparences qui fe font dans les Cieux, con-
viennent auffi à la terre.

Ainfi l'axe du Globe terreftre eft une
partie de l'axe du monde, qui paffant
au travers de ce Globe, & par fon centre, va fe terminer à fa fuperficie.
Les deux Points de la fuperficie terreftre qui terminent cet axe, font les deux

Poles de la terre, dont l'un est le Pole arctique qui est posé sous le Pole arctique du monde, & l'autre est le Pole antarctique qui est posé sous le Pole antarctique du Firmament.

On a coutume de marquer toutes ces choses sur un instrument qu'on appelle *Globe artificiel* qui représente le Globe terrestre, de même qu'on a inventé la Sphère armillaire ou artificielle pour représenter & expliquer les mouvemens célestes. Ainsi le Globe artificiel est par rapport à la terre, ce que la Sphère armillaire est par rapport aux Cieux.

Il a comme la Sphère son Méridien & son Horison, & ces deux cercles sont ordinairement séparés de sa surface; ce qu'on a pratiqué pour faciliter toutes les opérations qui se font par le secours du Globe. Les cercles qui sont marqués sur la superficie du Globe, sont l'Equateur, qu'on appelle le plus souvent du simple nom de *Ligne* en termes de Géographe, l'Ecliptique, les deux Tropiques, & les deux Cercles polaires. Outre ces cercles, il y a encore un petit Cercle horaire attaché sur le Méridien, de même que dans la Sphère artificielle.

Comme j'ai expliqué les différens usa-

ges de tous ces Cercles, il est inutile
de le répeter ici. Ces usages s'appliquent à
la Géographie comme à l'Astronomie,
à cause de la relation qu'il y a entre le
Soleil & la terre.

Mais outre les Cercles dont je viens
de parler, qui sont communs à la Sphère & au Globe terrestre, on en considere
encore de deux sortes qu'on a coutume
de marquer sur le Globe artificiel, &
qui servent à déterminer, la longitude
& la latitude des Villes & de tous les
lieux qui sont sur la surface de la terre ; sçavoir les *Méridiens* ou *Cercles de
longitude*, & les *paralleles à l'Equateur*
ou *Cercles de latitude*. Il y en a même
encore quelques autres qui n'y sont point
marqués, & que l'on doit concevoir y
être décrits ; tels sont les *Cercles
des climats*. Ces Cercles sont nécessaires pour déterminer la situation, &
pour donner une plus parfaite connoissance de toutes les parties de la terre,
considérées par rapport au mouvement
diurne & annuel du Soleil.

Des Cercles de longitude.

Les *Cercles de longitude* terrestre sont de
grands Cercles, qui passent par les Poles

de la terre, & coupent perpendiculairement l'Equateur : c'est pourquoi, à proprement parler, ce sont des Méridiens.

Pour comprendre ce que c'est que *les*
Longitudes & leur usage, il faut observer que la terre étant ronde, le Soleil
n'éclaire pas les deux hemisphères en
un même instant ; mais il ne les éclaire
que successivement, en se faisant voir
plutôt aux Peuples qui sont vers l'Orient
qu'à ceux qui sont vers l'Occident ; ce
qui fait que les premiers ont plutôt midi que les derniers. C'est pourquoi si un
lieu est plus oriental de quinze degrés
qu'un autre, il aura midi une heure
plutôt ; parce que quinze degrés sont
la vingt-quatriéme partie de trois cens
soixante degrés que contient en tout l'E-
quateur, de même qu'une heure est la
vingt-quatriéme partie du jour. Au contraire si un lieu est plus occidental
qu'un autre de quinze degrés, il aura
midi une heure plus tard. S'il est plus occidental de trente degrés, il aura midi
deux heures plus tard ; & ainsi de suite,
à raison d'une heure pour quinze degrés.
C'est cette différence de midi au même
instant pour différens lieux qui détermine
leur longitude, & qui fait que cette lon-

E vj

gitude est plus ou moins grande.

On a vû en parlant du Méridien, que la longitude d'un lieu est la distance de ce lieu au premier Méridien, & que cette longitude se mesure par le nombre de degrés de l'arc de l'Equateur compris entre ce premier Méridien & celui qui passe par le Zenith du lieu proposé : ou, ce qui revient au même, c'est l'arc d'un Cercle parallele à l'Equateur, compris entre le premier Méridien & le lieu dont il s'agit. Car cet arc est semblable à celui de l'Equateur, qui est entre le premier Méridien & le Méridien de ce lieu ; ainsi la longitude se mesure également par l'un & par l'autre.

Comme il y a un nombre infini de lieux sur la terre vers l'Orient & vers l'Occident, on doit aussi concevoir une infinité de Méridiens ou Cercles de longitude, qui servent à déterminer sur l'Equateur ou sur ses paralleles la longitude des lieux & leur situation. Mais de ce nombre infini de cercles de longitude, on a coutume d'en marquer seulement trente-six sur le Globe terrestre, qui coupent l'Equateur de dix degrés en dix dégrés ; & l'on s'est borné à ce nombre pour éviter la confusion. Il est évident que tous les Peuples qui sont sous le même cercle de longitude, & qui par conséquent ont le même Méridien, ont aussi la même longitude.

Les degrés de longitude se mesurent d'Occident en Orient. Si l'on demande la raison de cet usage qui paroît assez singulier, puisqu'il étoit bien plus naturel de comprendre, comme font les Espagnols, ces degrés d'Orient en Occident, à cause du mouvement journalier du Soleil qui se fait du même sens; on ne peut gueres répondre autre chose, si ce n'est que cette maniere de compter est purement arbitraire, & que l'usage a fait une loi de les compter comme nous faisons. Cet usage est fondé apparemment sur ce que les voyages que nos anciens faisoient sur mer, tendoient toujours vers l'Asie, & particuliérement vers les Indes Orientales, & rarement vers l'Occident où ils ne connoissoient aucune terre; de sorte qu'ils croyoient que les côtes Occidentales d'Espagne étoient à l'extrémité du monde, comme il paroît par le Cap de *Finisterre* en Galice, qui semble avoir reçu son nom de cette idée où étoient les Anciens, & par les colonnes d'Hercule situées dans l'Isle de Cadix aux côtes de l'Andaloufie, aufquelles il ont donné cette devife : *Non plus ultra.*

Ainfi ils fe font fait une habitude de compter les degrés & le chemin qu'ils faifoient d'Occident en Orient, & l'on a toujours continué de même, pour ne pas déranger l'ordre qu'ils avoient établi.

Mais depuis que les Efpagnols ont découvert l'Amérique, ils ont changé l'ordre des Anciens, en comptant la longitude d'Orient en Occident, felon la route de leurs voyages dans ce nouveau monde. Ils ont auffi fait paffer leur premier Méridien par la Ville de Tolede ; mais ils n'ont été imités en cela par aucun Peuple.

La connoiffance des Longitudes eft extrêmement utile & même néceffaire, tant pour la navigation que pour la Géographie : car dans la Géographie, elle contribue à la jufteffe des Globes terreftres, des Mappemondes ou Cartes univerfelles ; & dans la navigation, elle fert confidérablement à la conduite des Vaiffeaux, en rendant leur route plus certaine. Mais cette connoiffance fi utile trouve des difficultés prefque infurmontables dans la pratique des moyens nécessaires pour l'acquérir ; ce qui fait que la plûpart des Etats de l'Europe ont autrefois promis de grandes récompenses à ceux, qui par quelque invention exacte & aisée dans la pratique, donneroient les moyens de connoître sur mer les longitudes avec autant de facilité que l'on connoît les latitudes. On a toujours parlé de cette recherche, comme de celle de la Pierre philosophale, de la quadrature du Cercle & du mouvement perpétuel. Cependant plusieurs personnes y ont travaillé, & ont prétendu y avoir réussi, entr'autres Jean-Baptiste Morin Professeur de Mathématiques à Paris il y a environ cent ans ; mais leur travail a été presque inutile, parce qu'ils ont donné une quantité de régles, qui, quoique très-bonnes dans la théorie, ne sont néanmoins d'aucun usage dans la pratique, à cause de la trop grande difficulté qu'il y a de pouvoir pratiquer, principalement sur mer, les observations que ces régles prescrivent.

On auroit un moyen prompt & assuré de déterminer les longitudes, tant sur terre que sur mer, si l'on pouvoit découvrir dans le Ciel quelque Phénomene qui eût un mouvement très-prompt, & qu'on pût voir en même tems de divers lieux de la terre arriver à un même point. Car alors, en comparant ensemble les heures des observations de ce Phénomene faites dans des lieux éloignés l'un de l'autre, il seroit aisé de connoître la longitude de ces lieux.

La révolution journaliére du Soleil & des autres Astres auroit été propre à cet usage ; mais il n'y a dans le Ciel aucun point fixe, où l'on puisse voir arriver les Astres par leur révolution. Ainsi on a été obligé d'avoir recours aux éclipses de Lune, & l'on s'en est servi avec assez d'avantage pour trouver quelques longitudes. Cependant comme ces éclipses ne sont pas bien fréquentes, & qu'il n'en arrive le plus souvent qu'une ou deux par an, on n'a pas tiré un grand secours de ce moyen ; mais c'est le seul qui ait été connu jusqu'au siécle précedent.

Depuis l'invention des Télescopes & la découverte des Satellites de Jupiter & de Saturne, on s'est apperçû que le mouvement de ces Satellites, sur-tout de ceux de Jupiter, est très-prompt, & leur révolution fort courte, & par conséquent

que leurs éclipfes font très-fréquentes ;
enforte que pour une feule éclipfe
de Lune, il en arrivoit plus de cent
d'un même Satellite. Cette découverte a
auffitôt engagé à s'en fervir utilement
pour trouver les longitudes. C'eft M.
Caffini le pere, à qui nous avons obligation de cette méthode trouvée il y a
près de cent ans, & c'eft lui qui l'a
portée au point de perfection où elle eft
aujourd'hui ; de maniére que fi l'on pouvoit avoir une pendule ou une montre
qui allât auffi exactement fur mer que
fur terre, on auroit un moyen fûr &
infaillible pour trouver la longitude de
tous les lieux qui font fur la furface du
Globe terreftre.

Je n'expliquerai point ici la maniére
dont on fe fert des éclipfes de Lune &
des Satellites de Jupiter pour trouver les
longitudes, parce que cette connoiffance eft plutôt du reffort de l'Aftronomie,
& excéderoit les bornes que je me fuis
ptefcrites dans ce Traité. Il me fuffira
feulement d'obferver que depuis cette
invention de M. Caffini, on a découvert que l'Ifle de Fer étoit plus orientale de trois degrés qu'on ne l'avoit crû
auparávant. C'eft auffi depuis ce tems

qu'on s'eſt apperçû que l'Aſie étoit plus près de nous de plus de cinq cens lieuës qu'on ne l'avoit crû juſqu'alors, & qu'au contraire l'Amérique en étoit plus éloignée d'environ cent cinquante lieuës.

Des Cercles de latitude.

La *Latitude* d'un lieu, ainſi que je l'ai déja obſervé, n'eſt autre choſe que la diſtance de ce lieu à l'Equateur ; ou, ce qui revient au même, c'eſt l'arc du Méridien compris entre l'Equateur & le Zenith de ce lieu. Ainſi la Latitude de Paris eſt l'arc du Méridien compris entre l'Equateur & cette Ville : cet arc eſt de quarante-huit degrés cinquante-une minutes dix ſecondes à l'Obſervatoire de Paris.

On ſe ſert indifféremment du terme de *Latitude* ou de *hauteur du pole*, pour exprimer la diſtance d'une Ville à l'Equateur, & l'on dit indiſtinctement qu'une Ville à tant de degrés de Latitude ou de hauteur du Pole, parce que ces deux choſes ſont toujours égales, ainſi que je l'ai expliqué en parlant du Méridien. (V. pag. 92.)

Comme l'Equateur ou la Ligne eſt le

terme qui sépare la partie septentrionale du *Globe* terrestre de la partie méridionale, on distingue deux sortes de Latitudes, l'une *septentrionale* & l'autre
méridionale. La *Latitude septentrionale*
est celle qui se compte depuis l'Equateur jusqu'au Pole septentrional ou
arctique, & la *Latitude méridionale* est
celle qui s'étend depuis le même cercle jusqu'au Pole méridional ou antarctique : d'où il suit que la Latitude né
peut jamais être de plus de quatre-vingt
dix degrés, parce que l'arc du Méridien
compris entre l'Equateur & le Pole, n'est
qu'un quart de Cercle. La Longitude au
contraire peut aller jusqu'à trois cens
soixante degrés, parce qu'elle se mesure depuis le premier Méridien, en tournant autour de la terre, jusqu'au même Cercle. Et c'est apparemment une des
raisons pour lesquelles on a donné le nom
de *Longitude* à cette derniere maniere de
mesurer, & que l'on appelle l'autre *Lati-*
tude. Cela peut encore venir de ce que les
Anciens qui ont donné ces noms, connoissoient une bien plus grande étendue
de pays d'Occident en Orient, que du
Midi au Septentrion : car ils pensoient que
la Zone torride & les deux Zones glacia-

les n'étoient point habitées.

Ceux qui habitent la Ligne ou l'Equateur n'ont point de Latitude, & aucun des deux Poles n'est élevé au-dessus de leur horison; mais tous les autres Peuples qui sont au-delà de l'Equateur dans l'un & l'autre hemisphère, ont une Latitude plus ou moins grande, suivant qu'ils sont plus ou moins proches des Poles. Et comme il y a une infinité de lieux compris entre l'Equateur & les Poles, il faut aussi concevoir une infinité de Cercles paralleles à l'Equateur qui passent par ces mêmes lieux. On les nomme *Cercles de Latitude*, parce qu'ils déterminent en coupant les Cercles de Longitude, quelle est la Latitude de chacun de ces lieux, & qu'ils font aussi connoître que tous les endroits situés sur la circonférence d'un même Cercle de Latitude, ont une même hauteur de pole, quoiqu'ils ayent une Longitude différente. Il faut aussi observer que c'est sur ces mêmes Cercles de Latitude que se mesurent les Longitudes, de même que sur les Cercles de Longitude on mesure les Latitudes, puisque ces derniers cercles passant par les Poles du monde, mesurent toute l'étendue de la Latitude de puis l'Equateur jusqu'à l'un & l'autre Pole.

Les Cercles de Latitude renferment en leur circonférence, ainsi que l'Equateur, toute l'étenduë de la Longitude. Car les Cercles de Longitude s'entrecoupant tous à l'endroit des Poles de même que les Méridiens, divisent ces Cercles de Latitude en parties semblables, & proportionelles à celles dont ils divisent l'Equateur, & y déterminent la Longitude de la même maniere que sur l'Equateur; & c'est la raison pour laquelle on peut compter cette Longitude aussi-bien sur les Cercles de Latitude que sur l'Equateur même, qui n'est autre chose que le plus grand de tous ces Cercles paralleles.

Mais comme les Cercles de Latitude sont inégaux & vont toujours en diminuant de l'Equateur aux Poles, il faut faire bien moins de chemin pour changer de Longitude sur les paralleles éloignés de l'Equateur, que sur ceux qui en sont proches. Ainsi sous l'Equateur un degré de Longitude vaut vingt-cinq lieuës communes de France, au lieu que sur le parallele de Paris il ne faut qu'environ seize lieuës vers l'Orient pour un degré de longitude.

Il résulte de tout ce qui vient d'être dit, que pour avoir la vraie position d'une Ville sur le Globe terrestre, il suffit de connoître sa Latitude & sa Longitude, parce qu'ayant la Latitude de cette Ville, on a son Méridien, & sçachant sa Latitude, on connoît son parallele ou Cercle de Latitude. Or, le point d'intersection de ces deux Cercles, donne sur le Globe terrestre la vraie position de cette Ville. Ainsi on détermine, par exemple, aisément la situation de Paris sur le Globe terrestre, sçachant que la Latitude de cette Ville est de quarante-huit degrés cinquante-une minutes du côté du Nord, & sa Longitude de vingt degrés trente minutes. Et de même il sera facile de connoître la vraie position d'Orléans sur le Globe, sçachant que cette Ville est à quarante-sept degrés cinquante-quatre minutes de Latitude septentrionale, & à vingt degrés quatre minutes de Longitude.

De ce nombre infini de Cercles de Latitude que l'on conçoit de part & d'autre de l'Equateur, on n'en marque ordinairement sur le Globe terrestre que huit de chaque côté de l'Equateur, non compris le pole qui est supposé être le neuviéme. Ces cercles sont distans les uns des autres de dix degrés en dix degrés; ce qui se fait pour éviter la confusion, si on y en mettoit un plus grand nombre.

Les degrés de Latitude, soit méridionale, soit septentrionale, sont tous égaux entr'eux, parce qu'ils se mesurent toujours sur un Méridien qui est un grand cercle. Chacun de ces degrés, & en général tout degré d'un grand cercle de la terre, vaut vingt-cinq lieuës communes de France; & une lieuë commune de France, suivant les observations de M. Picard, vaut 2282 toises & deux cinquiémes de toise, en supposant la toise de six pieds de Roi mesure du Châtelet de Paris, comme je l'ai déja observé. Ainsi en suivant ces mesures, il ne sera pas difficile de sçavoir, par exemple, de combien de lieuës la Ville de Lyon est distante de l'Equateur. En effet sçachant que la Latitude de cette Ville est de quarante-cinq degrés quarante-six minutes, & que chacun de ces degrés vaut vingt-cinq lieuës, on connoîtra aisément par une simple regle d'arithmétique, que cette distance est de 1144 lieuës un quart. On connoîtra aussi facilement par la même méthode, que le tour de la terre est de 9000 lieuës, & son diamètre de 2864.

Il y a plusieurs maniéres de connoître la Latitude ou hauteur de pole d'un lieu ; mais nous laisserons cette recherche aux Astronomes.

Il n'est pas inutile d'observer en passant, que dans toutes les cartes Géographiques sans exception les degrés de Latitude se marquent à droite & à gauche, & que les degrés de Longitude y sont marqués horisontalement en haut & en bas. Les premiers se prennent sur les Méridiens, & les autres sur l'Equateur ou sur les paralleles à l'Equateur. Cet arrangement vient de ce que dans toutes les Cartes le Nord est en haut, le Midi en bas, l'Orient à droite, & l'Occident à gauche.

Outre les différens Cercles dont on vient de parler, il faut remarquer que dans tous les Globes, comme dans toutes les Sphères, il y a plusieurs Cercles représentés sur la largeur de l'Horison. Ces Cercles se réduisent ordinairement à trois ; le premier & le plus extérieur contient les noms des vents, le second les noms des mois, & le troisiéme les

noms

noms des Signes du Zodiaque. Les noms
des mois avec leurs jours y font tellement difposés, qu'ils répondent aux degrés & aux noms des Signes que le Soleil
parcourt pendant ces mois. Par exemple, le 20 Mars répond au premier degré du Belier, parce le Soleil entre ce
jour-là dans ce Signe : le 21 Juin répond
au premier degré de l'Ecreviffe, & ainfi
des autres.

Des Climats.

J'avois deffein d'abord de ne rien dire fur les **Climats**, parce que cette connoiffance n'eft pas d'un grand ufage dans
la Géographie, & qu'elle y eft même
aujourd'hui prefque entiérement inutile.
Cependant cette maniére de divifer la
terre a été fort en ufage chez les Anciens;
il eft à propos de ne pas la paffer entiérement fous filence.

Les anciens Géographes ayant remarqué que les Peuples qui habitent fous
l'Equateur, n'avoient jamais le jour plus
long que de douze heures, c'eft-à-dire, que
le Soleil n'étoit jamais plus de douze heures fur leur horifon, & que le plus long
jour de l'année croiffoit d'autant plu

qu'on approchoit des Poles, ont connu par-là que ceux qui sont sous les Cercles polaires, devoient avoir leur plus grand jour de vingt-quatre heures, & que ceux qui habitent les Poles, devoient avoir un jour de six mois entiers, pendant lequel tems ils étoient éclairés continuellement du Soleil. Ainsi ils ont pris de-là occasion de diviser la surface de la Terre en certains espaces déterminés paralleles à l'Equateur, selon la longueur du plus long jour de l'année, qu'ils ont appellé *Climats*, & dont ils ont distingué deux especes, sçavoir les *Climats d'heures* & les *Climats de mois*. Les premiers se comptent depuis l'Equateur de part & d'autre jusqu'au Cercle polaire, & les autres depuis la fin des Cercles polaires jusqu'aux Poles.

On entend donc par *Climat d'heure*, un espace compris entre deux Cercles paralleles à l'Equateur, qui a son plus grand jour d'Eté plus long d'une demi-heure en son extrémité qu'en son commencement.

Climat de mois est un espace de terre compris entre deux Cercles paralleles à l'Equateur, qui a son plus grand jour plus long d'un demi-mois ou de

quinze jours en sa fin qu'en son commencement. Sur quoi il faut obferver
que le dernier Climat qui eft autour du
pole, n'eft pas compris entre deux Cercles
paralleles, mais feulement dans la circonférence d'un Cercle qui a le pole
dans fon milieu.

On doit auffi remarquer que pour déterminer les Climats, on a feulement
égard au tems que le Soleil eft fur
l'horifon des lieux, fans y comprendre
la durée de l'Aurore, ni celle du Crépufcule.

Les Anciens ne donnoient le nom
de Climats qu'aux efpaces de terre qu'ils
croyoient habitables ; & ils penfoient
que le milieu de la Zone torride & les
deux Zones glaciales étoient inhabitées.
Ainfi ils ne comptoient que fept Climats
habités, qu'ils faifoient commencer un
peu en-deçà de l'Equateur, dans l'endroit
où le plus long jour d'Eté eft de douze
heures quarante-cinq minutes, jufques
vers le cinquantiéme degré de Latitude,
où le plus long jour eft de feize heures
vingt minutes.

Pour mieux diftinguer ces Climats,
ils en faifoient paffer le milieu par les endroits les plus confidérables de l'ancien

Monde ; de sorte que leur premier Climat paſſoit par Meroé, Ville imaginaire d'Ethiopie dans une des Iſles du Nil; le ſecond par Sienne en Egypte, proche le Tropique du Cancer; le troiſiéme par Alexandrie, entre les bouches du Nil; le quatriéme par l'Iſle de Rhodes & par Babylone; le cinquiéme par Rome & l'Helleſpont ; le ſixiéme par Veniſe & le Pont-Euxin; & le ſeptiéme par l'embouchure du fleuve Boriſthene.

A ces ſept Climats ils en ajouterent depuis deux autres; ſçavoir le huitiéme paſſant par les Monts Riphées, & le neuviéme par le fleuve Tanaïs.

Mais les Géographes modernes après Cluvier ont changé l'ordre & le nombre des Climats des Anciens, depuis qu'ils ont connu que la Zone torride & les deux Zones glaciales étoient habitées ; & ils les ont placés à commencer depuis l'Equateur juſqu'aux Poles, tant dans la partie ſeptentrionale du monde, que dans la partie méridionale.

C'eſt pourquoi ils comptent ſoixante-douze Climats; ſçavoir, trente-ſix ſeptentrionaux & trente-ſix méridionaux. Il y en a vingt-quatre depuis l'Equateur juſqu'au Cercle polaire ; & ces vingt-quatre Climats répondent aux vingt-quatre demi-heures de différence qu'il y a entre le plus long jour d'Eté sous l'Equateur, & le plus long jour d'Eté sous le Cercle polaire. Les douze autres Climats sont compris entre le Cercle polaire & le Pole, & répondent aux douze demi-mois, ou aux six mois de différence qu'il y a entre le plus long jour d'Eté sous le Cercle polaire, & le plus long jour d'Eté sous les Poles. Car on a déja observé que passé le Cercle polaire, les jours augmentoient si considérablement, qu'ils étoient composés de plusieurs semaines, & même de plusieurs mois de suite.

Les Peuples qui sont sous l'Equateur, n'ont point de Climat. Ceux dont le plus grand jour est de douze heures & demie, ont un Climat d'heure, ou, ce qui est la même chose, sont à la fin du premier Climat d'heure. Ceux qui ont leur plus grand jour de treize heures, sont sur la fin du second Climat. Ainsi la Ville de Paris est située sur la fin du huitiéme Climat, parce que le plus grand jour d'Eté de cette Ville est de seize heures, & surpasse de quatre heures ou de huit demi-heures le plus grand jour qui soit

fous l'Equateur. Les Climats d'heure fe
comptent ainfi de fuite jufqu'au Cercle
polaire, où finit le vingt-quatriéme Climat, c'eft-à-dire que les Peuples qui
habitent fous ce cercle, font fur la fin
du vingt-quatriéme Climat d'heure,
parce que leur plus grand jour dure vingt-
quatre heures.

Mais comme depuis la fin du vingt-
quatriéme Climat, on ne peut avancer
vers le Pole, que le jour n'augmente
de vingt-quatre heures à la fois, puis
d'une femaine & même d'un mois,
dans un efpace de terre très-médiocre,
cela fait qu'on a déterminé les douze
derniers Climats par la différence d'un demi-mois de jour continuel
qu'il y a de plus en leur fin qu'en leur
commencement.

Les Climats d'un même hémifphère
n'ont pas une égale longueur. Les Climats d'heure font beaucoup plus larges
vers l'Equateur que dans la Zone tempérée, & diminuent d'autant plus qu'ils
approchent des Cercles polaires. Les Climats de mois au contraire font d'autant
plus larges, qu'ils font plus près des Poles.
La premiere de ces inégalités vient de
la fection plus ou moins oblique du Tro-

pique avec l'Horifon; & la feconde vient des différences qu'il y a dans les déclinaifons du Soleil. Si l'on a bien entendu ce que j'ai dit jufqu'ici, il ne fera pas difficile de comprendre par foi-même la caufe de ces inégalités.

CHAPITRE IX.

Des différentes maniéres dont on peut confidérer les habitans de la terre par rapport à leur fituation.

OUtre la maniére de confidérer les habitans de la terre par rapport aux climats, on peut encore les confidérer de plufieurs autres maniéres. 1°. Par rapport aux différentes Zones qu'ils habitent. 2°. Par rapport à la diverfité des ombres que le Soleil y produit. 3°. Par rapport à la différente fituation des uns comparée à la fituation des autres. 4°. Enfin par rapport aux quatre points Cardinaux.

De la maniére de confidérer les habitans de la terre par les Zones.

On a vû ci-deffus en parlant des Cer-

cles polaires, que ces deux cercles & les
deux Tropiques divifoient le Ciel, &
par conféquent le Globe terreftre en
cinq Zones ou bandes, dont la premiére fe nomme *Zone torride*, qui eft comprife entre les deux Tropiques & partagée en deux par l'Equateur : les deux
fuivantes fe nomment *Tempérées*, & font
comprifes entre les Tropiques & les Cercles polaires ; on appelle les deux der-
nieres *Glaciales*, & elles font renfermées entre les Cercles polaires & les Poles. Les Anciens croyoient que la Zone
torride & les deux Zones glaciales étoient
ftériles & inhabitées, à caufe de la cha-
leur exceffive de l'une, & de la froideur
des autres ; mais les découvertes qu'on
a faites dans ces derniers fiécles ont convaincu du contraire.

Examinons les différentes propriétés
de ces cinq Zones, fuivant le rapport
qu'elles ont avec les trois pofitions générales de la Sphère.

1°. Les Peuples qui demeurent fous
la Ligne, & qui ont par conféquent leur
Zénith fous l'Equateur, font au milieu de
la Zone torride & dans la Sphère droite. Ils ont toujours les Poles du monde

dans leur horifon; ce qui fait qu'ils voyent fucceffivement toutes les parties du Ciel fe lever & fe coucher, & qu'aucune de ces parties ne leur eft cachée.

Ces Peuples ont deux Etés & deux Hivers; fçavoir leurs Etés au tems des équinoxes, quand le Soleil paffe par leur Zenith, & leurs Hivers lorfque le Soleil parcourt les deux Tropiqes au tems des Solftices, parce qu'alors il eft le plus éloigné d'eux qu'il foit poffible.

Leurs jours font égaux aux nuits pendant toute l'année ; & toutes les étoiles & les Planetes font douze heures au-deffus de leur horifon, & douze heures au-deffous.

Ils ont cinq différentes fortes d'ombres; fçavoir l'ombre occidentale au lever du Soleil, & l'orientale quand il fe couche ; la méridionale quand le Soleil parcourt les fignes feptentrionaux, & la feptentrionale quand il parcourt les fignes méridionaux. Enfin ils ont l'ombre perpendiculaire, ou plutôt ils font fans ombre quand le Soleil paffe par leur Zenith.

La Zone torride eft très-fertile, & la terre y produit en plufieurs endroits des fruits deux fois l'année. Elle eft mê-

me fort peuplée pour la plus grande partie. L'air que respirent les habitans du
milieu de cette Zone, est plus tempéré &
moins brûlant que celui des Peuples qui
habitent vers les Tropiques; ce qui vient
de ce que les premiers n'ont leurs jours
que de douze heures, & de ce que le
Soleil éleve dans ce climat pendant le
jour une grande quantité de vapeurs
qui produisent les vents & rafraichissent
l'air.

2°. Ceux qui demeurent entre l'Equateur & les Tropiques, sont aussi habitans
de la Zone torride ; mais ils ont l'un des
Poles du monde élevé au-dessus de l'Horison & l'autre au-dessous, ce qui fait
qu'ils ont la Sphère oblique. C'est pourquoi ils ne voyent qu'une partie du Ciel,
& l'autre est toujours cachée pour eux.

Ces Peuples éprouvent, comme sous
l'Equateur, deux Etés & deux Hivers,
parce que le Soleil passe deux fois l'année par leur Zenith. Mais il y a cette
différence, que sous l'Equateur ces deux
Etés sont éloignés l'un de l'autre de six
mois, au lieu que plus on approche des
Tropiques, plus ces deux Etés sont près
l'un de l'autre, en sorte que proche
des Tropiques, ces deux Etés se suivent
immédiatement.

Les jours de ces Climats font inégaux aux nuits pendant tout le cours de l'année, excepté au tems des équinoxes; & toutes les révolutions des Aftres s'y font obliquement à l'Horifon.

Ils ont auffi cinq fortes d'ombres, comme ceux qui demeurent fous l'Equateur. Mais ils refpirent un air plus chaud que ces derniers, & principalement aux environs des Tropiques; ce qui vient de ce que le Soleil refte plus long-tems vers les Tropiques que vers l'Equateur, parce qu'alors fa déclinaifon ne change pas fenfiblement, & que d'ailleurs les jours de leur Eté font plus longs que fous la Ligne.

3°. Ceux qui ont leur Zenith fous l'un des Tropiques, font à l'extrémité de la Zone torride, & au commencement de la Zone tempérée.

Ils ont les mêmes propriétés que ceux qui demeurent entre l'Equateur & les Tropiques, excepté qu'ils n'ont qu'un feul Eté & qu'un feul Hiver; parce que le Soleil ne paffe qu'une fois par leur Zenith. Mais ils n'ont que quatre fortes d'ombres; fçavoir l'occidentale au matin, l'orientale au foir, la feptentrionale ou méridionale à midi, felon qu'ils

font situés dans la partie ou septentrionale ou méridionale du monde ; & enfin l'ombre perpendiculaire à midi lorfque le Soleil fe trouve dans leur Zenith.

4°. Les Peuples qui ont leur Zenith
entre les Tropiques & les Cercles polaires, font dans la Zone tempérée, &
ils ont la Sphère plus oblique que ceux
qui habitent fous les Tropiques ; ce qui
fait que les révolutions du Ciel s'y font
d'une maniére plus oblique, qu'il y a
plus d'inégalité dans leurs jours & dans
leurs nuits, & qu'ils ont une plus grande partie du Ciel qui ne fe leve & ne
fe couche jamais par rapport â eux.

Le Soleil ne paffe jamais par leur Zenith, & leur année eft compofée de quatre faifons.

Ils n'ont que trois fortes d'ombres,
fçavoir l'occidentale au matin, l'orientale le foir, & la feptentrionale ou méridionale à midi, felon que leur Zone
eft feptentrionale ou méridionale.

A l'égard de la température de l'air
de ces climats, elle eft beaucoup plus
douce que dans la Zone torride, &
fur-tout vers le milieu de ces Zones.
Mais en Hiver il y fait plus froid, parce qu'alors, le Soleil y fait tomber plus

obliquement ſes rayons , & que dailleurs. les nuits y ſont beaucoup plus longues. Toutes ces apparences augmentent
ou diminuent à meſure que l'on eſt plus
ou moins proche des Tropiques ou des
Cercles polaires.

5°. Ceux qui ont leur Zenith ſous les
Cercles polaires, ſont à la fin des Zones
tempérées & au commencement des Zones froides. Ils ont la Sphère oblique , &
le Pole eſt élevé ſur leur Horiſon de ſoixante ſix degrés & demi;ce qui fait qu'ils
ont un jour dans l'année de vingt-quatre heures pour leur plus long jour d'E-
té , parce que le Soleil pendant ce jour-
là reſte continuellement au-deſſus de leur
Horiſon. Ils ont auſſi une nuit de vingt-
quatre heures pour leur plus grande nuit
d'Hiver. Leurs autres jours ſont encore
plus inégaux aux nuits que dans les Zones tempérées , excepté ſeulement aux
jours des équinoxes.

Ces Peuples ont quatre ſaiſons dans
l'année comme ceux des Zones tempérées ; & comme ils ont la Sphère très-
oblique , ils voyent preſque toujours
la moitié du Ciel au-deſſus de leur Horiſon , & l'autre moitié leur eſt preſque
entiérement cachée,

Ils ont aussi les mêmes ombres que ceux des Zones tempérées, excepté au Solstice d'Eté quand le Soleil décrit le Tropique, parce qu'alors leur ombre tourne tout au tour d'eux pendant les vingt-quatre heures que cet Astre reste sur leur Horison.

L'air de ces climats est très-froid, à cause de la grande obliquité des rayons du Soleil. Car cet Astre, même dans sa plus grande élevation, c'est-à-dire, quand il parcourt le Tropique visible, ne s'approche jamais de leur Zenith de plus de quarante-trois degrés.

6°. Ceux qui ont leur Zenith entre les Cercles polaires & les Poles du monde, sont dans les Zones froides. Ils ont la Sphère encore beaucoup plus oblique que ceux qui habitent sous les Tropiques ; c'est pourquoi les jours y sont d'autant plus inégaux aux nuits. Ils ont même en Eté plusieurs jours de suite sans nuit, & pareillement en Hiver plusieurs nuits sans jour.

Comme ils ont la Sphère presque parallele, ils voyent presque toujours une moitié du Ciel sur leur Horison qui ne se couche jamais, & l'autre moitié qui est au-dessous, leur est presque toujours cachée.

Leur ombre tourne autour de leur Horiſon pendant tout le tems que cet Aſtre y reſte ſans ſe coucher, & y forme leur plus long jour. Du reſte ils ont les mêmes ombres que ceux qui habitent les Cercles polaires.

L'air de ces climats eſt moins froid en Eté, qu'à l'endroit des Cercles polaires; ce qui vient de ce qu'en Eté ils ont le Soleil plus long-tems de ſuite ſur leur Horiſon. Mais auſſi en Hiver ils éprouvent un froid beaucoup plus conſidérable, parce qu'alors ils ſont plus long-tems ſans voir le Soleil.

Les Zones froides ſont peu fertiles, & la terre n'y produit gueres de fruits; mais les mers de ces climats ſont remplies de Poiſſons, dont les habitans ſont leur nourriture ordinaire. On ſçait qu'elles ſont habitées, du moins juſqu'à huit degrés pres du Pole arctique, c'eſt-à-dire juſqu'au quatre-vingt ou quatre-vingt uniéme degré de latitude ſeptentrionale, puiſque des Voyageurs qui ont pénétré juſqu'à cette diſtance, nous aſſurent ce fait.

7°. Enfin ceux qui ont leur Zenith ſous les Poles du monde, ſont au milieu des Zones froides, & ils ont la Sphère parallele. C'eſt pourquoi toutes

les révolutions du Ciel s'y font parallelement à l'Horison , & ils voyent toujours la même moitié du Ciel & les mêmes étoiles , & l'autre moitié leur paroît toujours cachée. Ils ont six mois de
jour de suite & six mois de nuit , &
leur ombre tourne continuellement autour de leur Horison.

Il est facile de connoître la mesure
ou la largeur de chacune de ces cinq
Zones. Celle de la Zone torride est de
quarante-six degrés cinquante-huit minutes , parce que chaque Tropique est
éloigné de l'Equateur de vingt-trois degrés vingt-neuf minutes : celle de chacune des deux Zones tempérées est de
quarante-trois degrés deux minutes ; &
enfin celle de chacune des Zones froides
est de vingt-trois degrés vingt-neuf minutes , en comptant depuis le Cercle
polaire jusqu'au Pole voisin qui y est
renfermé. Comme ces degrés se mesurent sur le Méridien , & que chaque
degré d'un grand cercle de la terre vaut
vingt-cinq lieuës , il s'ensuit que la
Zone torride a environ 1175 lieuës de
largeur , que chaque Zone tempérée
en a 1074 , & que chaque Zone froide en a 588.

Des Habitans de la terre considérés par la diversité des ombres.

La diversité des ombres que le Soleil fait sur la terre, a donné lieu aux Anciens de la diviser d'une autre maniére qui est plus curieuse qu'utile. Ils ont pour cet effet distingué les habitans de la terre en trois sortes de Peuples, qui reçoivent leur nom de la maniére dont ils ont leur ombre, sçavoir les *Amphisciens*, les *Eterosciens*, & les *Perisciens*.

On appelle *Amphisciens*, ceux dont l'ombre méridienne est tantôt du côté du Midi, sçavoir quand le Soleil parcourt les Signes septentrionaux, & tantôt du côté du Septentrion, lorsqu'il parcourt les méridionaux. Ces Peuples ont aussi le nom d'*Asciens*, c'est-à-dire sans ombre, parce qu'ils ont un certain tems de l'année où les corps qui sont dans une direction perpendiculaire, sont sans ombre à midi ; ce qui arrive lorsque le Soleil est à leur Zenith.

Cette premiére espece d'ombre est particuliere aux Habitans de la Zone torride, excepté à ceux qui demeurent à l'endroit des deux Tropiques : car ces

derniers ne font point Amphifciens,
parce qu'ils ne voyent pas leur ombre
méridienne de côté & d'autre comme
ceux qui demeurent entre les Tropiques.
Ils ne laiffent pas cependant d'être Af-
ciens, parce qu'ils ont un jour dans l'année où ils font fans ombre à midi ;
fçavoir lorfque le Soleil parcourt leur
Tropiqne d'Eté.

Les *Eterofciens* font ceux qui ont toujours leur ombre méridienne tournée
du même côté ; fçavoir du côté du Midi pour les Peuples qui habitent l'hémifphère méridional, & du côté du Nord
pour ceux qui habitent l'hémifphère feptentrional, comme eft la France. Ceux
qui éprouvent cette forte d'ombre, font
les Habitans des Zones tempérées.

Les *Perifciens* font ceux qui voyent
leur ombre tourner autour de leur Horifon en un certain tems de l'année.
Ces Peuples font les Habitans des Zones froides ou glaciales. Ceux qui demeurent fous les Cercles polaires mêmes, font compris fous le nom de Perifciens, parce qu'ils ont un jour de
vingt-quatre heures dans l'année, pendant lequel le Soleil ne quitte point
leur Horifon & tourne autour.

Les obſervations qu'on vient de faire ſervent à entendre les deux vers ſui-
vans de Lucain, qui ſans cela ſeroient
aſſez difficiles à expliquer :

Ignotum vobis, Arabes, veniſtis in orbem ,
Umbras mirati nemorum non ire ſiniſtras.

Ce Poëte raconte la ſurpriſe où ſe
trouverent les Peuples de l'Arabie, lorſqu'ils vinrent au ſecours de Pompée. Ils
voyoient chaque année dans leur pays
deux ſortes d'ombres méridiennes, dont
l'une alloit vers le Nord lorſque le Soleil étoit dans les Signes méridionaux,
& l'autre vers le Midi lorſque le Soleil
parcouroit les Signes ſeptentrionaux.
Mais quand ils furent entrés dans la Zone tempérée, ils ne virent plus leur ombre méridienne du côté du Midi ; & ils
n'eurent plus cette ombre que du côté
du Nord pendant toute l'année. » Ils
» crurent alors, dit le Poëte, être dans
» un monde inconnu, & furent tous ſur-
» pris de ne voir plus les ombres des ar-
» bres aller vers la gauche, » c'eſt-à-
dire vers le Midi, ſuivant l'uſage des
Poëtes, qui dans leurs priéres adreſſées
aux Dieux & aux Muſes ont toujours

observé de se tourner du côté de l'Occident, qui est leur partie favorite du Ciel, comme l'Orient l'est aux Chrétiens, le Nord aux Géographes, & le Midi aux Astronomes. C'est ce qu'on exprime ordinairement par ces deux vers Latins :

Ad Boream terra, sed cæli mensor ad Austrum,
Ortum præco Dei videt, occasumque Poëta.

De la division des Habitans de la terre considérés les uns par rapport aux autres.

Les Habitans de la terre considérés les uns & les autres par rapport à leurs différentes situations sont de trois sortes, sçavoir les *Antæciens*, les *Periæciens*, & les *Antipodes*.

Les *Antæciens* sont ceux qui ont un même Méridien, mais qui demeurent sur des paralleles ou Cercles de latitude opposés, & qui sont également distans de l'Equateur. C'est pourquoi si les uns demeurent sur un parallele méridional, les autres habitent dans le parallele septentrional opposé : d'où il suit que la latitude de ces Peuples est la même, quoique sous des Poles opposés. Ils ont les mêmes heures en même-tems ; mais ils ont les saisons de l'année contraires. En effet quand les uns ont leur Eté, les autres ont leur Hiver, & réciproquement quand ceux-là ont leur Hiver, les autres ont leur Eté; ce qui fait aussi que quand les uns ont leurs plus longs jours, les autres ont leurs plus longues nuits.

On appelle *Periœciens*, ceux qui habitent sur un même degré de Latitude, mais sous des Méridiens opposés; de maniere que la Longitude des uns differe d'un demi-cercle, ou de cent quatre-vingt degrés, de la Longitude des autres. C'est pourquoi quand les uns ont le jour, les autres ont la nuit; & quand il est minuit chez les uns, il est midi chez les autres. Comme ces Peuples ont la même élevation des Poles, & qu'ils sont dans le même hémisphère, les saisons de l'année y sont les mêmes & y arrivent en même-tems, ainsi que toutes les autres apparences qui résultent de la différence des saisons.

Les *Antipodes* sont les Peuples qui demeurent sur des endroits de la terre diamétralement opposés, c'est-à-dire qui sont éloignés l'un de l'autre de tout le diametre de la terre, & dont le Zenith des uns sert de Nadir aux autres,

C'est pourquoi ils ont toutes choses opposées. Si les uns ont le jour, les autres
ont la nuit; & pendant que le Soleil se
couche chez les uns, il se leve chez les
autres. Si les uns ont le Pole arctique
élevé sur leur Horison, les autres ont le
Pole antarctique autant élevé au-dessus
du leur. Ils ont aussi comme les *Antæciens* les saisons opposées, ensorte que
quand les uns ont leur Hiver, les autres
ont leur Eté. Il en est de même de la différente longueur des jours & des nuits, qui
est toujours réciproque chez les uns &
chez les autres.

On voit aisément par ce qui vient d'ê-
tre dit, que les *Antæciens* ont les mêmes
heures & les saisons contraires, les *Pé-
riæciens* les mêmes saisons & les heures
contraires, & les *Antipodes* les heures
& les saisons contraires.

Les Anciens ne pouvoient se persuader qu'il y eût des Antipodes. Cette idée
qui semble renverser à notre égard les
Habitans de l'autre hémisphère, a embar-
rassé plus d'une fois d'anciens Doc-
teurs, qui ne pouvoient comprendre que
cela fût ainsi. Il se passa même en Allemagne une affaire dans le huitiéme siécle, qui ne prouve que trop combien

des perfonnes mêmes fçavantes étoient
éloignées de croire qu'il pût y avoir des
Antipodes. En l'année 748. Virgilius,
depuis Evêque de Saltzbourg, ayant
compris je ne fçais comment qu'il y avoit
des Antipodes, s'en expliqua publique-
ment dans le monde. Mais cette nou-
veauté parut fi étrange, que Boniface
Evêque de Mayence fe déclara ouvertement contre Virgilius, qui fut accufé
d'hérefie fur ce point devant le Pape
Zacharie (a). On rapporte que le Roi
de Bohême connut de ce différend en
premiere inftance, que les Parties fe
pourvurent enfuite par appel à Rome,
& qu'enfin Virgilius fut condamné comme hérétique, parce qu'il croyoit qu'il y
avoit des Antipodes.

Graces à Dieu, nous ne fommes plus
dans ces tems d'ignorance : l'expérience a fait connoître aux hommes depuis plus de deux cens ans, que la
terre étant ronde, étoit habitée dans fes
parties diamétralement oppofées ; & le
nouveau Monde que l'on a découvert en
ces derniers fiécles, ayant donné occafion

(a) Voyez l'Hiftoire Ecléfiaftique de M.
Fleuri, Tome XI. liv. 42. article 59.

de faire plufieurs fois le tour de la terre, ne
nous laiffe plus aucun lieu d'en douter.

Les Peuples qui habitent fous l'Equateur n'ont point d'*Antæciens*, mais feulement des Antipodes, qu'on peut auffi
à leur égard appeller *Periæciens*. Mais
ces Antipodes n'ont pas les mêmes apparences que hors de l'Equateur, puifqu'ils
ont toutes chofes femblables, excepté
que quand les uns ont le jour, les autres
ont la nuit.

Ceux qui font fous les Poles n'ont point
de *Periæciens*, mais feulement des *Antæciens*, qu'on peut auffi regarder comme
leurs *Antipodes*, ce qui vient de ce que
le parallele que ces Peuples habitent n'eft
point un cercle, mais feulement un point.

Des Habitans de la terre confidérés par rapport aux quatre points Cardinaux.

Enfin la derniere maniéʁe dont on
peut confidérer les Habitans de la terre,
eft par rapport aux quatre points Cardinaux ; & celle-ci eft une des plus importantes pour la Géographie. Ces quatre points font le *Septentrion*, le *Midi*
l'*Orient* & l'*Occident*. C'eft par cette divifion

vision que l'on connoît plus particuliérement la situation des différentes régions
de la terre considérées les unes par rapport aux autres ; par où l'on voit que les
unes sont orientales au regard de celles
qui sont situées à leur Occident, & qu'elles sont en même-tems méridionales
par rapport à d'autres qui sont situées à
leur Septentrion. Ainsi la France est occidentale à l'Allemagne & à l'Italie, &
en même-tems méridionale par rapport
à la Hollande & au Dannemarc ; & au
contraire l'Allemagne est occidentale à
la Pologne, orientale à la France, &
septentrionale à l'égard de l'Italie, & ainsi des autres.

On pourra donc distinguer facilement
les lieux intermédiaires qui se trouvent
entre ces quatre points Cardinaux, c'est-
à-dire entre le Septentrion & l'Orient,
entre l'Orient & le Midi, entre le Midi & l'Occident, & entre l'Occident &
le Septentrion. Ainsi on trouvera que la
France est septentrionale à l'Espagne, si
on la considére par rapport au Septentrion ; elle lui est aussi orientale, si on la
considére par rapport à l'Orient. Mais
comme la France n'est pas précisément
au Septentrion ni à l'Orient de l'Espa-

H

gne, & qu'elle est située à son égard
entre les points du Septentrion & de l'O-
rient, on pourra dire que la France est
septentrionale - orientale par rapport à
l'Espagne, & qu'au contraire l'Espagne est
méridionale-occidentale par rapport à la
France, & ainsi des autres.

Si l'on veut trouver aisément sur le
Globe terrestre & sur les Cartes Géographiques la situation des lieux par rapport aux quatre points Cardinaux, il suffit de faire attention que l'Equateur &
les autres Cercles de latitude qui lui sont
paralleles, déterminent exactement sur
leur circonférence tous les lieux qui sont
orientaux & occidentaux les uns aux autres, & que les Méridiens ou Cercles de
longitude font connoître ceux qui sont
situés au Midi & au Septentrion les uns
par rapport aux autres. Ainsi tous les
lieux situés sur l'Equateur ou sur un de
ses paralleles sont orientaux & occidentaux entr'eux, & ceux qui sont situés
sous le même Méridien sont septentrionaux & méridionaux les uns aux autres.
D'où il suit que tous ceux qui ne sont
pas situés entr'eux de cette maniére, déclinent des quatre points Cardinaux, &
qu'ils en déclinent plus ou moins, suivant

qu'ils en font plus ou moins éloignés.

Il n'eft pas inutile d'obferver que ces quatre points Cardinaux fervent à marquer les quatre principaux vents. Mais on en compte plufieurs intermédiaires, & jufqu'à 32, qu'on trouvera aifément en divifant la circonférence de l'Horifon en 32 parties égales.

CHAPITRE X.

Des ufages de la Sphère artificielle.

APrès avoir expliqué tous les différens cercles de la Sphère & du Globe terreftre, leurs principales propriétés & les diverfes apparences qui en réfultent, il femble qu'il feroit à propos de donner ici la maniere de réfoudre les différentes queftions qu'on peut propofer fur l'ufage de la Sphère & du Globe artificiel. Mais outre qu'il faudroit pour cela prefque un traité particulier, & beaucoup plus étendu que l'ouvrage que je me fuis propofé ici ne peut le permettre, on doit faire attention que la réfolution de ces différentes queftions n'eft qu'une suite des principes que j'ai établis dans ce traité. Ainsi pour peu qu'on ait bien retenu ces principes, il sera facile de résoudre par soi-même toutes ces ques―tons. Cependant pour donner une idée légere de la maniere dont cela se prati―que, il me suffira d'en citer quelques exemples ; ils serviront de regle pour les autres.

Je ne dirai rien touchant la maniere dont on peut trouver la Latitude & la Longitude des Villes & autres endroits qui sont marqués sur le Globe, parce qu'il n'y a aucune difficulté après ce que j'ai dit sur l'une & sur l'autre.

Premier exemple.

On veut sçavoir à quelle heure le So―leil se leve ou se couche, par exemple , le 25. Juin à Rennes en Bretagne, dont la hauteur de Pole est d'environ 48. dé―grés au Nord.

Pratique. Il faut d'abord monter la Sphè―re sur l'horison de Rennes ; ce qui se fait en élevant le Pole septentrional au-dessus de l'Horison de la quantité de 48. dégrés. Après cette préparation , il faut, 1°. chercher sur les deux cercles concentri―

ques & intérieurs marqués sur la largeur
de l'Horifon, quel eft le dégré du Signe
auquel répond le foleil le 2 5 Juin, & l'on
trouvera que c'eft au quatrieme dégré
de l'Ecreviffe. 2°. On cherchera fur le
Zodiaque ou écliptique le quatrieme dégré de l'Ecréviffe, & on tournera la Sphère de maniere que ce dégré foit fous le Méridien. 3°. La Sphère étant dans cet
état, il faut mettre l'éguille ou *index*
du cercle horaire fur l'heure de midi, parce qu'on fuppofe que la Sphère étant ainfi
difpofée, il eft midi à Rennes ; & enfuite
on fera tourner la Sphère fur fes Poles du
côté de l'Orient, jufqu'à ce que le 4ᵉ dégré du Signe de l'Ecreviffe marqué fur
l'écliptique touche l'Horifon du côté de
l'Orient. La Sphère étant dans cette fituation, l'éguille du cercle horaire marquera
l'heure cherchée à laquelle le Soleil fe
leve à Rennes le 2 5 Juin, que l'on trouvera être environ quatre heures du matin. Or comme l'inftant de midi eft
également éloigné du lever & du coucher du Soleil, on concluera que le Soleil fe couche ce jour-là à huit heures
du foir dans cette Ville, & par conféquent que la durée de ce même jour
eft de feize heures.

H iij

Connoissant l'heure du lever du Soleil & celle de son coucher, il sera facile d'avoir la durée du jour, qui n'est autre chose que la distance ou l'intervale qu'il y a entre l'heure du lever du Soleil & celle de son coucher ; & par conséquent on aura aussi aisément la durée de la nuit.

On trouvera aussi par cette même méthode, dans quel climat est située une Ville dont on connoît la latitude. Car il suffit pour cela de chercher par la méthode qu'on vient de donner, quelle est la durée du plus long jour de cette Ville, qui est celui auquel le Soleil répond au premier dégré de l'Ecrevisse ou de la Balance, selon que la Ville est située dans l'Hémisphère septentrional ou méridional, & compter ensuite autant de climats qu'il y a de demi-heures dans ce plus long jour. Ainsi le plus long jour à Rennes étant d'environ seize heures, on en concluera que cette Ville est située sur la fin du trente-deuxieme climat.

Second exemple.

Trouver la déclinaison du Soleil pour un jour donné, par exemple, pour le 10 du mois de Mai.

Il faut d'abord chercher sur le cercle de l'Horison le dégré auquel le Soleil répond dans l'écliptique le 10 Mai, & l'on trouvera que c'est au vingtieme dégré du Signe du Taureau. 2°. On cherchera sur le Zodiaque le vingtieme dégré du Taureau, & on tournera la Sphère de maniere que ce dégré soit sous le Méridien. 3°. La Sphère étant dans cette situation, on comptera les dégrés du Méridien compris entre l'Equateur & le dégré du Soleil, & l'on trouvera que ce nombre est de 18 dégrés du côté du Septentrion ; ce qui fait voir que le 10 Mai la déclinaison du Soleil est de 18 dégrés Septentrionale.

Troisieme exemple.

On veut sçavoir le tems du lever & du coucher du Soleil aux Zones froides pour la hauteur de pole de 80 dégrés du côté du Septentrion, connoissant la déclinaison de cet astre.

Il faut commencer par monter la Sphère pour cette élévation de pole, ainsi qu'il est dit dans le premier exemple ci-dessus. Ensuite on observera que dans cette position de la Sphère, il s'en faut 10 dégrés que le Pole arctique soit élevé perpendiculairement sur l'Horison, ce qui fait que l'Equateur est élevé sur l'Horison de cette même quantité de dégrés ; & comme la déclinaison ou distance du Soleil à l'Equateur se mesure sur le Méridien, il s'ensuit que ces 10 dégrés de distance de l'Horison à l'Equateur pris sur le Méridien marquent la déclinaison du Soleil, & que par conséquent le Soleil se trouvera dans l'Horison du lieu donné, lorsque cet astre aura 10 dégrés de déclinaison septentrionale. Ainsi on tournera la Sphère jusqu'à ce que quelqu'un des dégrés des Signes ascendans du Zodiaque passe sous le 10e. dégré de déclinaison septentrionale prise sur le Méridien ; & l'on trouvera que c'est le vingt-quatrieme dégré du Signe du Bélier, auquel dégré répond le 15 Avril qui sera le jour du lever du Soleil, c'est-à-dire, le jour auquel il commencera à paroître sur l'Horison pour la hauteur de Pole donnée.

Pour avoir le tems du coucher du Soleil pour cette même hauteur de Pole, on fera la même opération, & l'on tournera la Sphère jusqu'à ce que quelqu'un des dégrés des Signes descendans du Zo-

diaque paſſe ſous le dixieme dégré de déclinaiſon ſeptentrionale priſe ſur le Méridien. On trouvera que c'eſt le quatrieme
dégré du Signe de la Vierge qui répond au
27 Août ; ce qui donnera le jour auquel
le Soleil ſe couche & commence à ſe cacher ſous l'Horiſon pour la hauteur de
Pole donnée.

Autrement on examinera en tournant
la Sphère, quels ſont les deux dégrés
de l'écliptique , qui dans cette poſition
de la Sphère ne ſe couchent point ; &
l'on trouvera que ces deux points ſont le
vingt-quatrieme dégré du Signe du Bélier,
& le quatrieme dégré du Signe de la
Vierge , qui répondent aux mêmes jours
que ci-deſſus.

Quatriéme exemple.

Trouver la longueur du plus long jour
aux Zones froides pour 80 dégrés de
hauteur de Pole ſeptentrionale.

Cherchez le tems du lever & du coucher du Soleil pour cette hauteur de Pole
par la méthode précédente ; & vous trou-
verez que le Soleil s'y leve le 15 Avril
& s'y couche le 27 Août. Ainſi il faudra
compter le nombre de jours qu'il y a en-
H v

tre le 15 Avril & le 27 Août, & l'on trouvera 134 jours, ou quatre mois douze
jours; ce qui fait voir la durée du jour,
ou le tems pendant lequel le Soleil demeure sur l'Horison du lieu donné.

Quand on connoît une fois la durée
du jour d'un lieu donné dans la Zone froide, il est facile de déterminer dans quel
climat ce lieu est situé, suivant ce qui
a été dit ci-dessus pag. 150. Ainsi comme
les climats de la Zone froide se comptent
par demi-mois, & que dans cet exemple
la durée du jour est de quatre mois douze
jours, il s'ensuit que le lieu donné est
dans le neuvieme climat.

Cinquieme exemple.

On veut sçavoir, par exemple, l'heure
qu'il est à Constantinople lorsqu'il est
neuf heures du matin à Paris.

Il faut tourner le Globe jusqu'à ce
que Paris soit sous le Méridien, & mettre ensuite l'éguille du cercle horaire
sur neuf heures du matin. Après cela
on fera tourner le Globe jusqu'à ce que
la Ville de Constantinople soit sous le
Méridien, & l'on regardera alors sur
quelle heure est l'éguille; ce qui dou-

nera l'heure qu'il eſt à Conſtantinople quand il eſt neuf heures du matin à Paris. On trouvera qu'il eſt environ dix heures trois quarts. De même ſi l'on veut ſçavoir quelle heure il eſt à Paris , quand il eſt midi à Conſtantinople , on placera cette derniere Ville ſous le Mé-ridien , & le Globe étant dans cette ſi-tuation, on mettra l'éguille du cercle horaire ſur Midi. On tournera enſuite le Globe juſqu'à ce que Paris ſoit ſous le Méridien , & l'on trouvera qu'il eſt dix heures un quart du matin à Paris , quand il eſt midi à Conſtantinople.

Il ne faut pas s'attendre à avoir une préciſion bien exacte par la pratique de ces méthodes. Il faudroit pour cela que le Globe & la Sphère fuſſent extrême-ment grands , & qu'ils fuſſent conſtruits avec toute l'exactitude poſſible ; encore cela n'approcheroit pas de la préciſion avec laquelle les Aſtronomes réſolvent ces ſortes de problêmes par le moyen de la Trigonométrie. Auſſi n'ai-je propo-ſé ces méthodes que comme un amuſe-ment ingénieux,&c. & parce qu'elles ſont ordinairement en uſage chez les Géo-graphes.

H vj

DISCOURS

SUR

LES ECLIPSES,

Tant du Soleil & de la Lune
que des autres Astres.

DISCOURS

LES ECLIPSES.

E tous les Phénomènes qui ar-
rivent dans la nature, il n'y
en a guéres qui soit plus capable d'exciter notre attention
que ceux des Eclipses. Quel spectacle en
effet est plus surprenant, que celui de
voir dans un jour clair & serein le Soleil perdre en un instant son éclat, &
produire tout-à-coup une nuit sombre &
obscure ! Quoi de plus merveilleux que
de voir dans une belle nuit, la Lune au
milieu du Ciel, pleine & brillante de lumiere, se couvrir peu à peu d'épaisses ténébres, & disparoître entierement à nos
yeux !

Il ne faut donc pas s'étonner si les

éclipses du Soleil & de la Lune ont causé de tout tems de l'admiration parmi tous les peuples, & si elles en causent encore de nos jours chez quelques nations. On a inventé les fables les plus extravagantes pour expliquer la cause de ces phénomènes, & on les a toujours regardés comme les présages de quelque évenement funeste, fruits ordinaires de l'ignorance; quand l'esprit n'est point éclairé par les sciences, il n'arrive que trop souvent qu'il est sujet à s'égarer. Enfin des siecles plus heureux sont venus; après bien des rêveries on a découvert la véritable cause des Eclipses, & la science des Astres a fait connoître aux hommes que rien n'est plus naturel que ces sortes d'évenemens.

Comme cette partie de l'Astronomie est une des plus curieuses & des plus intéressantes, j'ai crû devoir expliquer ici la maniere dont se font les Eclipses du Soleil, de la Lune & des autres Astres; quelle en est la cause; comment on les peut prédire & assigner l'instant précis où elles doivent arriver; comment on détermine leur grandeur & leur durée; & quels sont les avantages qui résultent de ces connoissances. J'ai crû en même

tems que l'on feroit bien aife de fçavoir ce que les différens peuples ,
furtout ceux qui font les plus célèbres
dans l'Antiquité , ont penfé de ces Phénomènes , & les erreurs dans lefquelles ils
font tombés là deffus. Cette connoiffance
fait partie de l'efprit humain ; & comme
cette hiftoire eft celle qui nous intéreffe le
plus, puifqu'elle nous apprend à connoître le génie des hommes, & par conféquent
à nous connoître nous-mêmes, je vais
commencer par examiner ce que les anciens peuples, & même quelques modernes ont penfé touchant les Eclipfes de Soleil & de Lune ; enfuite j'expliquerai
quelle eft la caufe des différentes Eclipfes, & je tâcherai de développer clairement & avec précifion tout ce qui a rapport à cette matiere.

La plus ancienne de toutes les erreurs
touchant les Eclipfes, au rapport de Pline
le Naturalifte (*a*), a été de penfer que
les Aftres éclipfés alloient difparoître
pour toujours ; & il paroît que les Poëtes Stéfichore & Pindare ont été dans
cette opinion. Mais rien n'eft mieux établi dans les Poëtes que l'erreur où étoient
les Anciens , principalement au fujet des

____

(*a*) Liv. 2. chap. 12. de fon Hiftoire naturelle.

Eclipſes de Lune, qui de tout tems ont été plus fréquentes & plus remarquables que les Eclipſes de Soleil, du moins que celles qui ſont totales, & ſur leſquelles par conſéquent il a été plus aiſé d'imaginer un ſyſtême.

Ils croyoient que la Lune venoit à s'éclipſer, parce que des Magiciens par leurs vers & par leurs enchantemens obligeoient cet Aſtre de deſcendre ſur la terre, pour y répandre ſur l'herbe une certaine écume ou roſée verte qu'ils recueilloient enſuite avec ſoin, & dont ils prétendoient ſe ſervir avec avantage pour toutes ſortes d'opérations magiques.

C'eſt-à-quoi Virgile fait alluſion dans la huitiéme de ſes Eclogues, lorſqu'en faiſant l'éloge de la Poëſie, il dit que les vers ont tant de pouvoir qu'ils peuvent faire deſcendre la Lune du Ciel :

Carmina vel cælo poſſunt deducere lunam.

Et c'eſt ce que Pétrone met auſſi dans la bouche d'une Magicienne en ces termes :

Quid leviora loquar ? lunæ deſcendit imago
Carminibus deducta meis.

Ces mêmes Anciens s'imaginoient auſſi que la Lune réſiſtoit le plus qu'il lui étoit poſſible aux imprécations des Magiciens,

& qu'elle faisoit tous ses efforts pour s'empêcher de descendre sur la terre ; mais que les charmes de ces Magiciens souvent réitérés rendoient tous ses efforts inutiles. C'est ce que nous apprenons d'Ovide dans le douzieme livre de ses Métamorphoses, à l'endroit où ce Poëte parle de la mere d'Orion, qui fut écrasée au combat des Centaures & des Lapithes :

Mater erat Micale , quam deduxisse canendo
Sæpe reluctantis constabat cornua lunæ.

Ce Poëte fait dire la même chose à Hypsipile, dans la Lettre qu'elle écrit à Jason, en parlant de Médée cette fameuse Magicienne :

Illa reluctantem cornu deducere lunam
Nititur.

Et c'est à peu près de la même maniere que s'explique Lucain (*Pharsal. lib. 6.*) en parlant de la Lune :

Et patitur tantos cantu depressa labores,
Donec suppositas propior despumet in herbas.

Il est vrai qu'il y avoit, suivant ces mêmes Anciens, un remede pour détruire l'effet des vers & des imprécations magiques ; c'étoit de faire beaucoup de bruit, pour empêcher que ces vers ne fussent entendus de la Lune. C'est pourquoi le peuple faisoit alors de grands cris, & excitoit un mouvement considérable dans l'air en frappant sur l'airain, & en faisant un grand bruit avec différens instrumens. Ils croyoient par ce moyen secourir la Lune dans son travail, & au milieu des efforts qu'elle faisoit pendant tout le tems que duroient les enchantemens.

C'est ce que nous apprenons de ces vers de Tibulle, où il parle de sa puis- » sance des chansons magiques. » Les » chansons, dit ce Poëte, sont capables » de faire descendre la Lune du Ciel ; » & elles en viendroient à bout, sans » le son des instrumens qu'on emploie » pour empêcher qu'elles ne soient en- » tendues. (a)

Seneque en sa Tragédie d'Hippolite s'exprime à peu près de la même ma-niere au sujet d'une éclipse de Lune : (b)

(a) *Cantus & è curru lunam deducere tentat ;*
Et faciet, si non æra repulsa sonant.
(Tibul. liv. 1. Eleg. 9.)

(b) *At nos solliciti lumine turbido.*

» Pour nous, dit-il, inquiets de voir la
» Lune obfcurcie, craignant qu'elle ne
» fût contrainte de defcendre du Ciel
» par le fecours des imprécations magi-
» ques, nous nous mimes à faire un grand
» bruit.

Et c'eft auffi à quoi Juvenal fait allu-
fion en fa fixieme Satyre, où il dit en
parlant d'une femme babillarde, qu'elle
faifoit tant de bruit, qu'elle feule pouvoit fecourir la Lune dans fon travail :

Una laboranti poterit fucurrere lunæ.

Mais rien n'eft plus précis là deffus,
que ce qu'on trouve dans quelques autres Poëtes plus modernes ; ce qui prouve
que cette erreur avoit paffé jufqu'à eux.
Voici la maniere dont s'exprime Stace
au fixieme livre de fa Thébaïde. » Tou-
» tes les fois que la fœur du Soleil eft
» contrainte de quitter les Cieux, une
» foule de peuple étonnée s'empreffe
» de faire du bruit fur l'airain pour la
» fecourir ; mais la Magicienne victo-
» rieufe par le fecours de fes enchante-

Tractam Theffalicis carminibus rati,
Tinnitus dedimus.
(Seneq. Hippolit. act. 1.

» mens se rit de tous leurs efforts inu-
» tiles. (a)

Pierre Apollonius, Poëte Chrétien,
dans son Poëme du siege de Jérusa-
lem, liv. 1. s'exprime aussi à peu près
dans les mêmes termes. » Un bruit con-
» fus, dit cet Auteur (b), retentit dans les
» airs, tel à peu près qu'il se fait entendre,
» lorsque des peuples s'empressent à l'en-
» vi de secourir la Lune en travail par
» le moyen de l'airain ou d'autres instru-
» mens, & d'empêcher, mais inutilement,
» par leurs sons redoublés, que cet astre
» ne soit contraint par les enchantemens
» des Magiciens de descendre sur la
» terre.

Cette erreur étoit beaucoup plus ancienne, si nous en croions Tite-Live; &
elle régnoit déjà du tems de cet Auteur, comme il paroît par cet endroit

(a) ———— Attonitis quoties evellitur astris
Solis opaca soror, procul auxiliaria gentes
Æra crepant, frustraque timent; at Thessala
               victrix
Ridet anhelantes audito carmine bigas.
(b) ————Commixtus ad astra
Clamor iit, quantùm pavidæ succurrere lunæ
Certantes populi tinnitibus æris acuti
Ingeminant, surdasque deæ nituntur ad aures,
Thessalicum ne carmen eat.   )

du vingt-sixieme livre de ses Décades.
» Tout le peuple assemblé autour des
» murs des Campaniens fit un bruit
» épouvantable par le moyen d'instru-
» mens d'airain, tel à peu près que celui
» qui se fait pendant la nuit lorsqu'on
» voit la Lune éclipsée (a).

On trouve encore à ce sujet un pas-
sage bien remarquable dans Tacite au
livre 1. de ses Annales. C'est dans l'endroit où il raconte que les légions Pan-
noniennes s'étant soulevées sur la nouvelle qu'elles eurent qu'Auguste étoit
mort & que Tibere lui avoit succédé,
on envoya vers elle Drusus, qui au
lieu de pouvoir les appaiser, eut toutes
les peines du monde à échapper à leur
fureur. » Un évenement imprévû, dit
» cet Auteur, appaisa la violence des
» soldats qui paroissoient menacer de
» quelque suite fâcheuse. La Lune qui
» paroissoit très-claire, vint tout à coup
» à s'affoiblir dans un tems où le Ciel
» étoit fort serein. Les soldats qui igno-
» roient la cause de ce Phénomene,

(a) *Disposita in muris Campanorum imbellis
multitudo tantum cum æris crepitu, qualis in defectu lunæ silenti nocte fieri solet, edidit cla-
morem, &c.*

» crurent que c'étoit un préfage que les
» Dieux leur envoyoient ; & comparant
» l'affoibliſſement de cet aſtre à leurs
» maux préſens, ils ſe perſuaderent que
» les choſes tourneroient à leur avanta-
» ge, ſi la Lune pouvoit recouvrer ſa
» lumiere. C'eſt pourquoi ils ſe mirent
» à faire un grand bruit, en frappant ſur
» l'airain & en ſonnant de la trompette
» & du clairon ; & à meſure que la Lune
» paroiſſoit plus claire ou plus obſcure,
» ils reſſentoient des mouvemens de joie
» ou de triſteſſe. Mais lorſque la Lune pa-
» rut entierement cachée à leurs yeux,
» comme il arrive aſſez ſouvent que les eſ-
» prits qui ſont une fois frappés, donnent
» aiſément dans la ſuperſtition, ils ſe
» crurent menacés de grands maux, &
» que les Dieux irrités de leurs crimes
» leur devenoient tout à fait contraires.
» Druſus crut devoir faire uſage de
» cette circonſtance pour ramener les
» eſprits ; & en Prince prudent & ſage,
» il fit tourner au bien de la paix un éve-
» nement que le haſard ſeul avoit fait
» naître. C'eſt pourquoi il donna ordre
» qu'on allât autour des tentes, &c.
*Noctem minacem & in ſcelus erumpentem
ſors lenivit. Nam luna claro repente cœlo
viſa*

visa languescere. Id miles rationis ignarus omen præsentium accepit, ac suis laboribus defectionem sideris assimilans, prosperèque cessura quæ peragerent, si fulgor & claritudo deæ redderetur. Igitur æris sono, tubarum cornuumque concentu strepere; prout splendidior obscuriorve, lætari aut mœrere. At postquam ortæ nubes offecere visui, creditumque conditam tenebris, ut sunt mobiles ad superstitionem perculsæ semel mentes, sibi æternum laborem portendi, suaque facinora aversari Deos lamentantur. Utendum eâ inclinatione Cæsar, & quæ casus obtulerat in sapientiam vertendo ratus; circumiri tentoria jubet, &c.

Voici encore un exemple de Plutarque, qui établit bien clairement cette opinion; c'est dans l'avie de Paul-Emile. Cet Auteur rapporte, « que les soldats s'étant
» livrés au sommeil pendant la nuit, la
» Lune qui auparavant étoit très-claire
» & très-brillante, vint à s'obscurcir &
» à se cacher entierement dans les téne-
» bres, après avoir changé successivement
» de différentes couleurs; & que les Ro-
» mains, suivant leur coutume, pour ren-
» dre à la Lune sa splendeur, se mirent
» à faire de grands cris, en frappant sur
» l'airain, & à allumer de grands feux,

I

» mais que les Macédoniens n'en firent
» pas de même ; que la crainte & l'é-
» pouvante s'empara de leurs esprits , &
» qu'ils s'écrierent tous que ce préſage
» ſiniſtre leur annonçoit la mort du Roi.
Cet Auteur ajoûte "que quoique Paul-
» Emile n'ignorât pas abſolument les ré-
» volutions périodiques , au moyen deſ-
» quelles la Lune eſt éclipſée par l'ombre
» de la Terre en certains tems , & y
» reſte cachée juſqu'à ce que par ſon
» mouvement particulier elle ait traverſé
» cette ombre ; néanmoins comme il étoit
» fort religieux , auſſi-tôt qu'il vît que la
» Lune eut recouvré ſa lumiere , il lui
» ſacrifia onze veaux.

Cette opinion touchant les Eclipſes de
Lune ſubſiſtoit encore du tems de Saint
Ambroiſe , comme il paroît par ſon quatriéme Sermon *ad pop.* On voit auſſi dans
la Vie de Saint Eloi écrite par S. Ouen,
que parmi les erreurs & les reſtes d'i-
dolâtrie qui régnoient du tems de Saint
Eloi , & que ce Saint condamne, une de
ces erreurs étoit de crier pendant les
Eclipſes de Lune (*a*). Ces ſuperſtitions ſe
ſont même conſervées juſqu'à nos jours

(*a*) Voyez M. Fleuri en ſon Hiſtoire Ecclé-
ſiaſtique , tome 8. liv. 39. n. 26.

chez certains peuples, & elles régnoient
encore au commencement du siécle passé
dans les isles Molucques & à la Cochinchine.

Les Mexicains avoient une autre opinion sur la cause des éclipses de Lune lorsqu'on a fait la découverte de ces pays. Ils
s'imaginoient qu'elle ne s'éclipsoit, que
parce qu'elle avoit été blessée par le Soleil dans quelque querelle qu'ils avoient
eue ensemble. C'est pourquoi ils ne ces-
soient de jeûner pendant ce tems, &
particulierement les femmes & les filles,
qui pour les appaiser, se maltraitoient
& se tiroient du sang des bras.

Mais sans aller plus loin, on croit encore aujourd'hui dans toutes les Indes
Orientales, en Perse & dans le Royaume
de Tunquin, suivant que le rapporte Ta-
vernier dans sa nouvelle relation du Sé-
rail, que quand le Soleil & la Lune s'éclip-
sent, c'est un grand Dragon qui veut se
saisir de ces astres. Pendant tout ce tems-
là on voit les rivieres toutes couvertes de
têtes d'Indiens qui se sont mis dans l'eau
jusqu'au col; ce qui est, selon eux, une situation très-dévote, & propre à obtenir du
Soleil & de la Lune qu'ils se défendent
bien contre le Dragon qui veut les prendre.

Quoi qu'il en soit, on voit que prefque dans tous les fiécles on s'eft formé
une idée défavantageufe & finiftre des
Eclipfes, & qu'on les a toujours regardées comme les préfages de quelque
évenement funefte, fur-tout les éclipfes
de Soleil, qui étant beaucoup plus rares,
du moins celles qui font fenfibles au
commun des hommes, fembloient auffi
annoncer de plus grands malheurs. Tel
étoit le fyftême des Anciens : le Soleil,
fuivant eux, ne s'éclipfoit que pour s'empêcher de voir quelque action barbare
qui venoit d'arriver, ou quelque crime
affreux qui étoit fur le point de fe com-
mettre, & pour n'en être pas témoin, il
portoit fa lumiere ailleurs ; ce qui faifoit alors craindre aux peuples que le
monde ne vint tout à fait à finir. C'eft
ce que Séneque exprime d'une maniere
énergique dans fa Tragédie de Thiefte
(*act.* 4.) » Hélas nos derniers jours font
» arrivés. Malheureux que nous fommes !
» nous avons perdu le Soleil, ou nous
» fommes caufe par nos crimes qu'il s'eft
» caché de nous. Ceffez de vous plain-
» dre, ô mortels: que la crainte foit ban-
» nie de vos efprits ; c'eft être bien at-
» taché à la vie, que de ne pas fouhai er

» de mourir lorſqu'on voit le monde pé-
» rir avec ſoi.

—————————————— *In nos ætas*
Ultima venit. O nos durâ
Sorte creatos ! Seu perdidimus
Solem miſeri, ſive expulimus.
Abeant queſtus , diſcedite timor,
Vitæ eſt avidus, quiſquis non vult
Mundo ſecum pereunte mori.

C'eſt à cette même opinion des Anciens
touchant les éclipſes de Soleil, qu'on peut
rapporter ces vers de Virgile (*Georg. liv.
2.*) où en parlant de la mort de Jules-Céſar, il dit que le Soleil même en eut hor-
reur, & cacha pour quelque tems ſa
lumiere au monde :

Ille etiam extinĉto miſeratus Cæſare Romam,
Cùm caput obſcurâ nitidum ferrugine texit,
Impiaque æternam timuerunt ſæcula noĉtem.

Saint Jérôme rapporte dans une de
ſes lettres à l'occaſion d'une éclipſe de
Soleil qui arriva en l'année 393 , qu'elle
cauſa tant de frayeur dans la Paleſtine
où il étoit alors , que tout le monde
crut que le dernier jour étoit venu , &
qu'un grand nombre de perſonnes ſe

préfenterent pour recevoir le Baptê-
me. (*a*)

Mais fans remonter à des fiécles éloignés, n'a-t'on pas vû prefque de nos
jours une infinité de perfonnes fe tenir
renfermées dans des caves pendant une
fameufe éclipfe de Soleil qui arriva en
France vers le milieu du fiécle paffé (*b*) ?
Il fallut pour raffurer les efprits que les
Philofophes du temsfiffent plufieurs écrits;
ce qui, au rapport de M. de Fontenelles (*c*)
ne fervit pas peu à diffiper la crainte qui
s'étoit répandue dans l'efprit des peuples :
tant il eft vrai que l'ignorance des chofes
même les plus fimples & les plus naturelles, eft capable de faire tomber dans
les idées les plus étranges & les plus dé-
raifonnables !

Quelque générales qu'ayent été chez
la plûpart des peuples les erreurs dont
je viens de parler, il ne faut pas croire
cependant que les vrais Philofophes &
les Scavans les ayent adoptées. Platon,
Ariftote & les Stoïciens, au rapport de

(*a*) Voyez M. Fleuri en fon Hiftoire Ecclé-
fiaftique, tome 4. liv. 19. n. 45.
(*b*) Le 12. Août 1654.
(*c*) En fon Traité de la Pluralité des Mondes.
V. auffi les Penfées de Bayle fur la Comete.

Plutarque (*a*), ont connu la véritable caufe des Eclipfes ; & ils ont penfé avec raifon que celles de Lune étoient formées par l'ombre de la terre lorfqu'elle fe trouvoit entre le Soleil & la Lune, & celles de Soleil par l'interpofition de la Lune lorfqu'elle fe trouvoit entre le Soleil & la Terre. Cet Auteur ajoute que l'on doit cette heureufe découverte à Thalès de Milet, & que c'eft lui qui a trouvé la véritable caufe des Eclipfes, de même que ce fut Anaxagore qui le premier l'enfeigna aux Athéniens. Mais ce qu'il y a de fingulier, & ce qui prouve en même tems l'ignorance de ces tems-là, & combien les préjugés une fois reçus ont peine à fe diffiper, c'eft qu'Anaxagore, au rapport du même Plutarque (dans la vie de Nicias), n'ofa pas écrire ouvertement & rendre public fon fyftême, & qu'il fut obligé de n'en parler qu'en particulier & avec quelques-uns de fes amis. Car dans ces tems-là les Athéniens ne vouloient pas fouffrir ceux qui étudioient la fcience des chofes céleftes, dans le foupçon où ils étoient que

_____

(*a*) Liv. 2. des Opinions des Philofophes, chap. 24 & 29.

les Ph osophes vouloient réduire toutes les opérations de la Divinité à des causes purement naturelles & à des facultés sans Providence. C'est pour cette raison que Protagoras fut envoyé en exil, & qu'ils firent mettre en prison Anaxagore.

Ce sentiment de Plutarque par lequel il attribue à Thalès la gloire d'avoir expliqué le premier la véritable cause des Eclipses, est confirmé par Pline le Naturaliste (*liv. 2. ch. 12.*) de son Histoire naturelle, où il nous apprend même que ce Philosophe avoit trouvé la maniere de les prédire, & qu'il fit un heureux usage de cet art à l'égard d'une éclipse de Soleil qui arriva la quatrieme année de la quarante-huitiéme Olympiade (*a*) qui répond à l'an 584 avant Jesus-Christ. Hérodote nous assure la même chose au Livre 1. de son Histoire.

(*a*) Voici les termes de cet Auteur. *Apud Græcos autem investigavit primus omnium Thalès Milesius, Olympiadis 48. anno quarto prædicto solis defectu, qui Halyatte rege factus est, urbe conditæ anno 170.*

Mais quoique les Athéniens fuſſent peu favorables aux ſciences ſpéculatives, comme on vient de le voir par la maniere dont ils en uſerent à l'égard d'Anaxagore, il paroît cependant que le ſyſtême de Thalès ſur la cauſe des Eclipſes s'étoit répandu chez ces mêmes peuples, comme nous l'apprenons par ce qui ſe paſſa à l'égard de Périclès. « Ce grand Général, au rapport de Plu-
» tarque, (a) ne fut point épouvanté
» d'une éclipſe de Soleil qui arriva à
» Athènes l'an 323. de la fondation de
» Rome, dans le tems qu'il alloit par-
» tir pour le Péloponeſe. Le Soleil vint
» à perdre tout à coup ſa lumiere, & le
» Ciel à ſe couvrir de ténebres; ce qui
» cauſa beaucoup de frayeur au Capi-
» taine qui commandoit le Vaiſſeau.
» Mais Périclès vint à lui, & diſſipa la
» crainte où il étoit par un exemple fa-
» milier dont il ſe ſervit heureuſement.
» Il mit ſon manteau ſur la tête du Ca-
» pitaine, en lui demandant s'il appré-
» hendoit de ſe voir ainſi voilé. Sur ce
» que le Capitaine lui répondit, que
» non, Périclès ajouta qu'il en étoit de

(a) Plutarque en la vie de Périclès.

» même du Soleil par rapport à la Lune
» qui le cachoit à ses yeux, & empê-
» choit qu'on ne le pût voir, & que
» toute la différence qu'il y avoit, c'est
» que la Lune étoit plus grande que son
» manteau.

Pélopidas ne fut pas si heureux, au
rapport du même Plutarque (a), à l'égard
d'une éclipse de Soleil qui arriva en la
cent quatriéme Olympiade, c'est-à-dire
l'année 364. ou 365. avant Jesus-Christ.

Cet Auteur raconte» que dans le tems
» que ce Général des Thébains étoit prêt
» à partir pour aller combattre contre
» Alexandre Tyran de Pherès, le Soleil
» vint à s'éclipser, & que la Ville de
» Thébes fut pendant quelque tems cou-
» verte de ténebres. Alors Pélopidas
» voyant que le peuple étoit épouvanté
» de ce phénomene, & désespéroit du
» succès du voyage, ne voulut pas les
» faire partir malgré eux, ni exposer au
» danger qui les menaçoit, une troupe de
» sept mille citoyens qui s'étoient donnés
» à lui. C'est pourquoi il prit le parti
» d'aller seul combattre les Thessaliens
» avec les troupes qui étoient à sa solde,
» & avec trois cens cavaliers qui vou-

____

(a) En la vie de Pélopidas.

» lurent bien le fuivre. Mais fon départ
» ne fut approuvé ni de fes amis ni des
» Augures, qui s'imaginerent que le pro-
» dige qui venoit d'arriver étoit un aver-
» tiffement que les Dieux donnoient à ce
» grand Capitaine. En effet les Theffaliens
» remporterent la victoire, & Pélopidas
» après avoir combattu avec un courage in-
» vincible, & après avoir renverfé un
» grand nombre d'ennemis, mourut percé
» de coups.

La même chofe étoit arrivée à Nicias 48 ans auparavant, c'eft-à-dire l'an
413. avant la naiffance de Jefus-Chrift,
à l'occafion d'une éclipfe de Lune qui
parut dans ce tems-là à Syracufe au
milieu de la nuit. Elle jetta de la frayeur
dans l'efprit de ce Général des Athéniens, fuivant Thucydide, (*au* 7. *Liv. de*
fon Hiftoire) & l'empêcha de faire for-
tir fa flotte du port de Syracufe;
ce qui caufa fa perte & celle de tous
les fiens, & fit qu'il s'abandonna avec
toute fon armée à la merci des Syracu-
fains qui le taillerent en piéces.

Après avoir parlé des Grecs, on fera
fans doute bien aife de fçavoir ce que
les Romains, ces maîtres du monde, penfoient fur les Eclipfes, & s'ils ont don-

né dans toutes les rêveries dont on vient
de parler. On a pû voir par les endroits
que j'ai rapportés de Virgile, Ovide,
Juvenal, &c. que c'étoit une erreur affez généralement répandue parmi le peuple, d'attribuer la cause des éclipses de
Lune aux Magiciens qui l'obligeoient
de descendre en terre, & celle des
éclipses de Soleil à quelque funeste évenement qui devoit arriver, & que les
Dieux annonçoient par ces présages ;
mais il est constant que les Sçavans &
les gens sensés ne donnoient point dans
ces fables. Quelques-uns même d'entre
eux n'ignoroient pas l'art de prédire les
éclipses, & de pouvoir les annoncer par
avance au Public. Sulpicius Gallus fut le
premier des Romains, au rapport de
Pline le Naturaliste (a), qui leur enseigna
la connoissance de cet art. C'est ce Sulpicius Gallus qui fut élû Consul avec M.
Marcellus l'an 166. avant Jesus-Christ.
Il étoit alors Tribun des soldats, & par
la connoissance qu'il avoit du mouvement des astres, il prédit au peuple
une Eclipse qui arriva la veille de la
défaite de Persée par Paul-Emile. Il

(a) Liv. 2. ch. 12.

compoſa même peu de tems après un
ouvrage ſur cette matiere. Voici la maniere dont Tite-Live (a) raconte que la
choſe ſe paſſa. » Après qu'on eut for-
» tifié le camp, C. Sulpicius Gallus Tri-
» bun des ſoldats de la ſeconde légion
» qui avoit été Préteur l'année pré-
» cédente, fit aſſembler les ſoldats avec
» la permiſſion du Conſul, & leur an-
» nonça que la nuit prochaine, entre la
» ſeconde & la quatrieme heure de la
» nuit, il y auroit une éclipſe de Lune,
» & qu'ils ne regardaſſent pas ce phé-
» nomene comme la nouvelle de quel-
» que préſage; que cela ſe faiſoit na-
» turellement en certains tems de l'an-
» née, & qu'il étoit facile de les pré-
» dire; que comme ils n'étoient point
» étonnés de voir la Lune tantôt pleine
» & tantôt en croiſſant, ils ne devoient
» pas non plus être ſurpris de voir la
» Lune s'obſcurcir lorſqu'elle étoit ca-
» chée par l'ombre de la terre. Ce que
» le Tribun avoit prédit, ne manqua pas
» d'arriver, & les Romains regarde-
» rent la ſcience de Gallus comme une
» ſcience preſque divine. Les Macédo-
» niens au contraire regarderent cette

(a) Liv. 4, Décad. 5.

» Eclipſe comme un funeſte préſage qui
» leur annonçoit la ruine de leur royaume,
» & ils ne ceſſerent de jetter dans leur
» camp de grands cris juſqu'à ce que la
» Lune eût recouvré ſa lumiere.

Cette prudence de *Sulpicius Gallus*
fut ſagement imitée par l'Empereur
Claude ſous le Conſulat de *Vinicius* &
de *Statilius Corvinus*, au rapport de
Dion Caſſius (*a*). Comme il devoit y avoir
une éclipſe de Soleil le jour de la naiſſance de cet Empereur, & qu'il appré-
hendoit que ce phénomene ne cauſât
quelque trouble parmi le peuple, qui
avoit déja vû avec étonnement arriver
quelques autres prodiges, il fit annoncer dans le Public cette Eclipſe, & il
marqua non-ſeulement le jour qu'elle
devoit paroître, mais il en détermina
auſſi la grandeur & la durée, & expliqua au peuple les cauſes pour leſquelles ces Eclipſes devoient néceſſairement
arriver.

Explication des Eclipſes.

Après avoir expoſé ce que les Anciens ont penſé ſur les éclipſes de Soleil
& de Lune, & les erreurs dans leſquelles la plus grande partie des peuples

(*a*) Liv. 6. de ſon Hiſtoire Rom.

font tombés à cet égard, je viens à l'explication des Eclipfes en général, tant de celles de Soleil & de Lune que des autres Planetes, & de la maniere dont elles fe font, après quoi je donnerai une légere idée des avantages qu'on peut retirer de ces connoiffances.

Sans examiner ici quel eft le véritable fyftême du monde, fi c'eft le Soleil qui tourne autour de la terre, comme l'ont penfé Ptolomée & la plus grande partie des Philofophes, ou fi c'eft la terre qui tourne autour du Soleil, comme le penfent Copernic & prefque tous les Aftronomes de nos jours, je m'arrêterai à la premiere de ces opinions, non qu'elle foit la meilleure, mais comme à celle qui fe préfente le plus naturellement, & dont on fe fert le plus communément pour expliquer les premiers principes des mouvemens céleftes. En effet il eft tout à fait indifférent de fe fervir de l'une ou de l'autre, & toutes les deux expliquent également bien la doctrine des Eclipfes; ce qui eft une preuve évidente, ainfi que l'a remarqué un Auteur célebre (*a*), que la certi-

(*a*) M. le Gendre de S. Aubin, dans fon Traité de l'Opinion.

tude des hypotèses n'est pas nécessaire pour la découverte de plusieurs vérités importantes.

Supposons donc la Terre suspendue au centre du monde & au milieu de toutes les révolutions célestes, & que le Soleil, ainsi que la Lune & tous les astres en général, tournent autour d'elle en 24 heures d'Orient en Occident, par un mouvement qui leur est commun avec les Cieux. Supposons aussi que le Soleil par un mouvement particulier décrit autour de la Terre un cercle en sens contraire d'Occident en Orient dans l'espace d'un an; en sorte que pendant les 24 heures qu'il emploie à tourner d'Orient en Occident, il parcourt dans un sens opposé environ un dégré (a), c'est-à-dire environ la trois-cens soixantieme partie de ce cercle qu'on appelle *Ecliptique*, parce que c'est dans le plan de ce même cercle que se font les éclipses de Soleil & de Lune.

Il en est de même de la Lune. Par le mouvement commun des Cieux, elle est emportée autour de la Terre d'Orient en Occident tous les jours en 24

(a) Plus exactement, 59 minutes 8 secondes.

heures ; mais par un mouvement qui lui
eſt particulier, elle décrit un cercle en
ſens contraire d'Occident en Orient dans
l'eſpace d'environ un mois ; enſorte
que pendant les 24 heures qu'elle emploie à tourner chaque jour autour de
la Terre, elle parcourt dans un ſens oppoſé environ 13 dégrés (a) ou la vingt-
ſeptiéme partie de ſon cercle, ce qui
fait qu'elle n'acheve pas ſa révolution
journaliere auſſi-tôt que le Soleil, parce qu'il lui faut environ 48 minutes de
tems pour regagner ces 13 dégrés. Ainſi
elle emploie pour achever cette révolution journaliere, & pour revenir au
même Méridien, environ 24 heures 48
minutes ; ce qui eſt cauſe que ſon mouvement paroît retarder tous les jours ſur
celui du Soleil d'environ 3 quarts d'heure.

Ce tour, ou cette révolution particuliere de la Lune dans ſon cercle en
un mois, eſt ce qu'on appelle *Mois pério-*
dique, qui eſt de 27 jours 7 heutes 43
minutes. Mais comme pendant cette révolution de la Lune, le Soleil avance
dans l'Ecliptique de près de 30 dégrés

(a) Plus exactement, 13 dégrés 10 minutes
25 ſecondes.

ou d'un Signe, d'Occident en Orient par son mouvement particulier, cela fait que la Lune ne peut le rejoindre qu'environ deux jours plus tard, pendant lesquels elle fait dans son cercle ou orbite le même chemin que le Soleil a fait dans l'Ecliptique pendant 29 jours, 12 heures, 43 minutes. Ce tems du mouvement entier de la Lune, est ce qu'on appelle *Mois synodique*, ou lunaison moyenne, que l'on compte depuis que le Soleil & la Lune se sont séparés jusqu'à ce qu'ils se rejoignent.

On voit par-là, que le mouvement propre de la Lune d'Occident en Orient selon l'ordre des Signes, est bien plus prompt que celui du Soleil, puisqu'elle a parcouru les douze Signes lorsque le Soleil n'en a parcouru qu'un : d'où il suit que tous les mois la Lune doit se trouver une fois dans le même Signe que celui du Soleil, & une fois dans le Signe qui lui est opposé.

L'expérience nous apprend que la Lune est un corps opaque à peu près semblable à la Terre que nous habitons. Elle n'a point de lumiere par elle-même, & elle ne paroît lumineuse qu'autant qu'elle est éclairée des rayons du Soleil. Son diamètre n'eſt que le quart de celui de la Terre, & ſa ſolidité eſt cinquante fois plus petite. La diſtance de la Lune varie, & cette diſtance eſt quelquefois plus ou moins grande; ce qui vient de ce que la Terre n'eſt pas tout-à-fait au centre du cercle que décrit la Lune; mais ordinairement cette diſtance eſt de 83 mille lieues.

Le Soleil au contraire a ſa lumiere par lui-même & ne l'emprunte d'aucun aſtre. On ſçait par les obſervations des Aſtronomes, que le diamètre de cet aſtre eſt cent fois plus grand que celui de la Terre, & par conſéquent que ſa maſſe ou ſolidité eſt un million de fois plus groſſe. La diſtance du Soleil à la Terre eſt d'environ trente millions de lieues : tout cela ſe prouve par les régles invariables de la Géométrie.

Tout corps qui brille par lui-même envoie de tous côtés ſes rayons vers les objets qui l'environnent. Si l'on imagine un globe de feu ſuſpendu en l'air au milieu d'une chambre, il éclairera tous les différens endroits de cette chambre; & ſi l'on met un corps opaque, comme une boule ordinaire, à une certaine diſtance de ce globe de lumiére, il se fera sur la muraille une projection d'ombre en forme de cercle ou d'ovale. Si l'on fait ensuite tourner la boule autour du globe de feu, l'ombre de cette boule parcourera successivement toutes les murailles de la chambre, & se trouvera toujours en ligne droite avec le globe du côté de la boule, de maniere que cette boule sera toujours éclairée dans sa moitié qui regarde le corps lumineux. Mais il faut observer que l'ombre ainsi projettée sur la muraille sera plus ou moins grande, suivant les différens rapports de la grosseur de la boule à celle du globe de feu, & suivant que ces deux globes seront plus ou moins éloignés l'un de l'autre. Ainsi si le globe lumineux est plus gros que celui de la boule, il est évident que l'ombre formée par la boule ira toujours en se retrécissant plus elle s'éloignera du globe, & qu'elle se terminera à la fin en pointe, à peu près en forme de pain de sucre, parce qu'alors les rayons de lumiere qui partent du globe de feu & qui rasent la boule, vont en s'approchant l'un de l'autre, & se réunissent enfin après une certaine dis-

tance. Au contraire fi la boule étoit
plus groffe quele corps lumineux, la projection de cette ombre fur la muraille
feroit toujours plus grande que la boule
même; & elle feroit d'autant plus grande
que la muraille feroit plus éloignée de la
boule, parce que dans cette feconde fuppofition, les rayons qui partent du globe
de feu & qui rafent la boule, vont
toujours en s'écartant de plus en plus.
Ainfi dans une chambre où il y a une
bougie allumée, l'ombre de ceux qui
s'y promenent va fe peindre fur la muraille, & y forme des images d'ombres
beaucoup plus grandes que les perfonnes mêmes, comme il eft aifé de s'en
convaincre tous les jours, en examinant
l'ombre que forme alors la tête ou la
main fur cette muraille. Cette image eft
d'autant plus grande, qu'on eft plus proche de la lumiere & éloigné de la muraille
fur laquelle fe forme l'ombre ; tout cela
dépend des mêmes principes. Enfin fi
la boule & le globe lumineux étoient de
même groffeur, l'ombre de la boule feroit toujours égale à la boule même, à
quelque diftance que fuffent ces deux
corps, parce qu'alors les rayons qui partent du corps lumineux, & qui iroient

raſer la boule , ſeroient paralleles entr'eux.

Tout ceci doit recevoir ſon application à l'égard des éclipſes de Soleil &
de Lune. Repréſentons-nous la Terre
comme une grande boule opaque ſuſ-
pendue au milieu de l'Univers, autour de laquelle tournent le Soleil & la
Lune. Il eſt conſtant que, le Soleil qui
eſt un globe de feu, & qui envoie des
rayons de lumiere de toutes parts, fait
tomber ſes rayons ſur le globe de la
Terre, ou du moins ſur la moitié qui
lui eſt préſentée, & qu'il en eſt de même
à l'égard de la Lune ; que par conſéquent le Soleil éclaire continuellement
la partie de la Lune qui eſt tournée
vers lui. Ces rayons de la partie de la
Lune qui eſt ainſi éclairée, ſe réfléchiſſent
plus ou moins vers la Terre, ſelon que
la Terre eſt ſituée par rapport à la
Lune.

Quand le Soleil & la Lune ſont à notre égard dans le même endroit du Ciel,
la Lune eſt éclairée dans ſa moitié qui
eſt du côté du Soleil, & le côté qui regarde la Terre eſt dans les ténebres ;
alors nous avons nouvelle Lune. Mais
quand ces deux aſtres ſont oppoſés , c'eſt-

à-dire, quand la Lune eſt dans ſa plus grande diſtance ou élongation du Soleil, ayant la Terre entr'elle & le Soleil, alors la moitié de la Lune qui ſe préſente à nous eſt entierement éclairée, & celle que nous ne voyons point eſt dans les ténebres ; ce qui forme à notre égard la pleine Lune. Il en eſt de même à proportion des autres phaſes ou apparences de la Lune ; elle nous paroît tantôt plus, tantôt moins éclairée, à proportion qu'elle s'écarte plus ou moins du Soleil. Elle eſt en quartier par rapport à nous, lorſqu'elle eſt éloignée du Soleil d'un quart de cercle ou de 90 dégrés, parce qu'alors dans la partie ou moitié de la Lune qui eſt éclairée, il y en a autant que nous ne voyons point qu'il y en a qui ſe préſente à nous ; ce qui fait que dans ce rems elle ne nous paroît éclairée que dans la moitié de ſon diſque ou cercle apparent ; & ainſi à proportion ſuivant les différens éloignemens de la Lune au Soleil.

Lorſque le Soleil & la Lune ſont en conjonction, c'eſt-à-dire, quand la Lune eſt nouvelle, la partie obſcure de cette Planete étant alors tournée vers nous, elle ne peut nous donner aucune lumiere.

Au contraire elle en reçoit un peu de la Terre, qui par une seconde réflexion réfléchit vers la Lune les rayons qu'elle reçoit du Soleil, ainsi qu'il est aisé de s'en convaincre en regardant la Lune quand elle est nouvelle, ou le lendemain : car alors la partie de la Lune qui est tournée vers nous, paroît un peu éclairée ; ce qui ne peut venir que des rayons du Soleil qui sont réfléchis de la Terre sur la Lune. Mais quand le Soleil & la Lune sont opposés, c'est-à-dire quand la Lune est pleine, alors la partie de la Terre qui est dans les ténebres est éclairée par la Lune, qui réfléchit vers la Terre les rayons qu'elle reçoit du Soleil ; ce qui forme à notre égard le clair de Lune.

Un autre principe qu'il faut supposer ici, c'est que pour qu'il y ait Eclipse, il faut que le corps lumineux, celui qui reçoit la lumiere du corps lumineux, & celui qui est entre deux, soient en ligne droite ou à peu près : ce principe est si évident, qu'il porte avec lui sa démonstration.

Cela posé, en faisant l'application de tout ce qui a été dit ci-dessus des mouvemens du Soleil & de la Lune, il sera aisé aifé de concevoir que la Lune par fon mouvement particulier d'Occident en Orient, que nous avons vû être de 13 dégrés ou environ par jour, doit gagner plus de trois quarts-d'heure fur le Soleil, & le devancer tous les jours dans le Zodiaque de cette quantité. Ainfi elle doit par rapport à notre Terre autour de laquelle ils tournent l'un & l'autre, attrapper une fois le mois le Soleil, & quinze jours après fe trouver diamétralement oppofée à cet aftre ; c'eft-à-dire, qu'ils doivent tous deux fe trouver tous les quinze jours en ligne droite avec la Terre. Lorfque la Lune fe trouve entre le Soleil & la Terre, & dans la même ligne que lui, elle fe leve & fe couche avec le Soleil : lorfque la Terre eft entre le Soleil & la Lune, & auffi dans la même ligne, alors ces deux aftres font entierement oppofés à notre égard ; l'un fe couche quand l'autre fe leve, & quand l'un eft méridien l'autre eft au-deffous.

Il femble que les chofes étant dans cet état, il devroit y avoir réguliérement tous les mois deux éclipfes, l'une de Soleil, l'autre de Lune. En effet toutes les fois que la Lune fe trouve entre le Soleil & la Terre, elle devroit

K

par une suite qui paroît nécessaire, nous
cacher la lumiere de cet astre, & former une éclipse de Soleil ; & de même
quand la Terre se trouve entre le Soleil & la Lune, elle devroit intercepter
les rayons du Soleil, & empêcher qu'ils
n'éclairent cette Planete. Cependant il
n'en est pas ainsi ; & voici pourquoi.

Si les cercles que décrivent le Soleil
& la Lune comme autour de leur centre commun par leur mouvement particulier, l'un en un an & l'autre en un
mois, étoient dans un même plan, les
Eclipses ne manqueroient pas d'arriver
conformément à ce qui vient d'être dit,
& il y auroit régulierement tous les mois
deux Eclipses, sçavoir une éclipse de Lune
quand la Lune seroit pleine, & une de Soleil quand la Lune seroit nouvelle, parce
qu'alors le globe du Soleil, celui de la
Lune & celui de la Terre se trouveroient
tous les mois deux fois en ligne droite.
Mais ces deux cercles, c'est-à-dire l'orbite
de la Lune & celui de l'écliptique, ne sont
pas dans un même plan ; ils sont un peu
inclinés l'un sur l'autre, & se coupent seulement en deux points diamétralement
opposés en la moitié de leur cercle, de maniere qu'ils forment ensemble de part &
d'autre un angle d'environ cinq dégrés.

Ces deux points auxquels l'orbite de la Lune & le cercle de l'écliptique s'entre-coupent, & qui sont par conséquent communs à l'un & à l'autre de ces cercles, se nomment les nœuds de la Lune, dont l'un s'appelle la tête du Dragon & l'autre la queuë, parce que dans le tems qu'il a plû aux anciens Astronomes de donner des noms aux Constellations, ces points se trouvoient proche la constellation du Dragon, à l'endroit où cet animal par les replis de son corps forme deux especes de nœuds.

La Lune dans son mouvement synodique qui se fait tous les mois, touche deux fois l'écliptique en ces points ou nœuds, l'une en passant du Septentrion au Midi, & l'autre en passant du Midi au Septentrion, & elle se trouve ainsi deux fois éloignée du plan de ce même cercle de la quantité de cinq dégrés. Cette distance ou éloignement de la Lune au plan de l'écliptique est ce que les Astronomes appellent Latitude de la Lune, laquelle se fait tous les mois une fois du côté du Midi, & pour lors cette Latitude est appellée méridionale ; & une fois du côté du Nord, & pour lors la Latitude est septentrionale.

Il arrive donc au moyen de cette La-

titude que le Soleil & la Lune ne peuvent se trouver en ligne droite avec la
Terre, si ce n'est dans le tems que ces
deux astres sont proches des nœuds ,
parce qu'alors seulement ils se trouvent
dans un même plan & dans une même
ligne droite par rapport à la Terre, qu'on
doit regarder comme leur centre commun.

Cela posé, il est facile de concevoir
que quoique le Soleil & la Lune se trouvent en conjonction dans toutes les nouvelles Lunes, & en opposition toutes les
fois que la Lune est pleine, ils ne sont
pas pour cela en ligne droite avec la
Terre dans toutes les nouvelles & pleines Lunes; mais que cela arrive seulement lorsque la Lune étant nouvelle ,
elle se trouve proche d'un de ses nœuds
avec le Soleil, & de même lorsqu'étant
pleine , elle se trouve dans l'un de ses
nœuds, & le Soleil dans le nœud opposé.
Alors comme le Soleil, la Terre & la Lune sont dans une même ligne , il doit y
avoir éclipse , & toutes les fois que cela
arrivera , il ne peut jamais manquer d'y
avoir une éclipse de Soleil ou de Lune.

Ce qui fait donc que toutes les nouvelles Lunes ne sont pas écliptiques, c'est

que le plus souvent quand la Lune est
nouvelle, elle se trouve éloignée de son
nœud : ainsi l'ombre formée par son
Globe ne tombe pas dans le plan de
l'écliptique, & par conséquent ne peut atteindre la Terre qui est dans le même
plan, & qu'on peut même supposer
en être le centre. Pareillement toutes
les pleines Lunes ne sont pas écliptiques, parce que le plus souvent quand
la Lune est pleine, elle n'est pas assez
près de son nœud, & par conséquent
de l'écliptique dont ce nœud fait partie,
pour être à portée d'être obscurcie par
l'ombre de la Terre, dont l'axe ou la direction ne sort jamais du plan de l'écliptique.

De toutes ces réflexions il suit, qu'il
ne peut jamais y avoir d'éclipse que
lorsque dans les conjonctions & op-
positions le Soleil & la Lune se trouvent dans les points où leurs cercles se
coupent, c'est-à-dire dans les nœuds. Si
les centres de ces deux astres se trouvent
précisément dans ces points ou nœuds,
alors il se formera une éclipse centrale,
c'est-à-dire que si on tiroit une ligne droite
du Soleil au centre de la Terre, elle passe-
roit exactement par le centre de la Lune.

K iij

Si le Soleil & la Lune au lieu de fe trouver dans les points mêmes de leurs nœuds
au tems des conjonctions & oppofitions, fe trouvent feulement près de ces
nœuds, alors il y aura Eclipfe ; mais
ces Eclipfes ne font pas fi confidérables
que celles qui fe font à l'endroit même
des nœuds, & ne durent pas fi long-
tems.

Si la Lune n'avoit point de Latitude
comme le Soleil n'en a point, toutes les
nouvelles & pleines Lunes donneroient
des Eclipfes totales & même centrales.
De même fi la plus grande Latitude de
la Lune n'étoit que d'un dégré ou environ, il y auroit des Eclipfes au moins
partiales à toutes les nouvelles & pleines Lunes, parce que la Lune & la Terre
ayant l'une & l'autre une certaine groffeur, & par conféquent le cône d'ombre qu'elles forment dans le Ciel ayant
une certaine largeur ou épaiffeur, il ar-
riveroit toujours que l'ombre de la Lune
atteindroit la Terre, & que celle de la
Terre couvriroit une partie de la Lune
plus ou moins grande, felon que le Soleil & la Lune feroient plus ou moins
éloignés des nœuds. Mais le mouvement de Latitude, ou celui par lequel la

Lune s'écarte un peu du plan de l'écliptique, étant de cinq dégrés dans sa plus grande distance, cela fait que le plus souvent au tems des nouvelles & pleines Lunes la Lune & le Soleil sont trop éloignés de ces nœuds pour que l'Eclipse puisse se former, malgré la largeur des diametres de leurs ombres ; en sorte que les Eclipses n'arrivent ordinairement que tous les cinq ou six mois, & qu'il n'y en a presque jamais plus de quatre ou cinq par an, & très-souvent moins.

La raison en est que pour qu'il y ait éclipse de Soleil, il faut que le demi-diametre apparent du Soleil & de la Lune joints ensemble soient moindres que la Latitude de la Lune, & que pour qu'il y ait éclipse de Lune, il faut que le demi-diametre apparent de la Lune joint au demi-diametre de l'ombre de la Terre à l'endroit où la Lune la traverse, soit aussi moindre que cette Latitude: ou plus simplement, il faut pour qu'il y ait éclipse, que la Latitude de la Lune, ou sa distance perpendiculaire au plan de l'écliptique, soit moindre que ces demi-diametres; ce qui n'a lieu, suivant les regles de l'Astronomie, que lorsque le

Soleil & la Lune se trouvent à 16 dégrés ou environ de distance des nœuds,
& ce qui ne peut arriver que quatre fois
l'année par rapport au Soleil, sçavoir
une fois de part & d'autre de chacun
des nœuds. Mais comme le Soleil emploie plus d'un mois à parcourir ces
16 dégrés d'une part avant d'atteindre un des nœuds, & les 16 dégrés d'autre part pour s'éloigner du même nœud,
puisqu'il parcourt environ un dégré chaque jour, & que pendant ce tems d'un
mois & plus la Lune fait plus d'un
tour entier dans son cercle, il arrive de
là que pendant que le Soleil parcourt
ces 32 dégrés, la Lune peut être deux
fois nouvelle & une fois pleine, ou
deux fois pleine & une fois nouvelle;
& comme la même chose arrive à l'é-
gard de l'autre nœud, il s'ensuit qu'il
peut y avoir par an jusqu'à six Eclipses,
& qu'il ne peut jamais y en avoir davantage.

Il est facile de voir par ce qui vient
d'être dit, que tout l'Art des Astronomes
pour prédire les Eclipses, assigner le tems
de leur commencement & de leur fin,
& déterminer leur grandeur & leur durée, & quels sont les peuples chez qui

elles seront visibles, consiste à connoître parfaitement les mouvemens du Soleil & de la Lune, la grandeur de leurs
diametres, l'angle ou inclinaison de
leurs cercles; à comparer ensemble ces
mouvemens, à en calculer les vitesses,
à sçavoir l'endroit du Ciel où sont les
nœuds de la Lune (car ces nœuds ont
aussi leur mouvement particulier) à
connoître la parallaxe ou distance de ces
astres, à mesurer la largeur & la longueur des cônes d'ombre qui sont formés dans la région des Cieux par la
Lune & par la Terre dans leur partie
opposée au Soleil, à réduire toutes ces
choses à des heures, à des minutes &
à des secondes de tems qui leur corres-
pondent; & c'est de ce détail presque
infini & extrêmement délicat que naît
cette certitude admirable qu'ont les Astronomes, de pouvoir déterminer avec
la plus grande exactitude jusqu'aux ins-
tans que doivent commencer & finir les
Eclipses, le tems de leur durée, & dans
quelles régions de la Terre elles seront
visibles. Ce qui arrive tous les jours est
une preuve convaincante de l'infaillibi-
lité de leurs principes & de leurs regles
à cet égard. Le moment précis des Eclip-

ſes paſſées eſt connu avec autant d'exactitude que celui des Eclipſes futures ; & il y a peu d'exemples dans les Sciences de vérités plus certaines.

Les éclipſes de Lune différent des éclipſes de Soleil, en ce que celles-ci arrivent toujours dans la nouvelle Lune & pendant le jour à l'égard de ceux qui les voient ; au lieu que les éclipſes de Lune ne ſe font que de nuit, & dans le tems de la pleine Lune. On a cependant vû quelquefois des éclipſes de Lune commencer un peu avant le coucher du Soleil ; ce qui vient de la réfraction de l'air, qui fait paroître l'un & l'autre de ces aſtres élevés en même tems au-deſſus de l'Horiſon, quoiqu'en effet l'un ſoit au-deſſous, ainſi que nous l'apprenons des regles de l'Optique.

La grandeur des Eclipſes qui les rend totales ou partiales dépend, comme je l'ai déja remarqué, du plus ou moins de diſtance du Soleil & de la Lune aux nœuds, & cette diſtance, ſelon qu'elle eſt plus ou moins grande, fait que la partie éclipſée du Soleil ou de la Lune eſt tantôt plus & tantôt moins conſidérable.

Cette grandeur ou portion éclipſée ſe

mesure en doigts, qui ne sont autre chose que les diametres du Soleil & de la
Lune divisés en douze parties égales.
Ainsi on dit qu'une éclipse de Soleil est
de 8 doigts, quand 8 parties ou les deux
tiers du diametre de cet astre doivent
être éclipsés. Quand l'éclipse de Soleil
est totale, elle est de 12 doigts. Chaque doigt se subdivise en 60 minutes
ou parties égales.

Comme l'ombre formée par la Terre est
beaucoup plus large que le disque de la
Lune, ce qui fait que la Lune est quelquefois trois heures entieres à la traverser, il arrive assez souvent que les
éclipses de Lune sont non-seulement totales, mais que cette Planete reste quelquefois plus de deux heures entierement
cachée dans l'ombre de la Terre. Lorsf-
que cela arrive, on dit que l'Eclipse est de
20, 22 & 24 doigts plus ou moins, ce
qui marque alors que la largeur de l'ombre de la Terre à l'endroit où la Lune
traverse, est de cette quantité, c'est-à-
dire qu'en supposant la Lune divisée
en 12 doigts ou parties égales, la largeur de l'ombre est de 20, 22 ou 24
plus ou moins de ces mêmes doigts.

C'est cette largeur de l'ombre de la
Terre causée par l'excès du diametre

de la Terre sur celui de la Lune, & de
la différente grosseur de ces deux Globes, qui fait que les Eclipses totales de
Lune sont beaucoup plus fréquentes que
les Eclipses totales du Soleil. Il arrive
même de là que la Lune peut s'éclipser
totalement, sans passer par le centre ou le
milieu du cône d'ombre que forme la
Terre. Lorsque la Lune ne fait que traverser les bords de cette ombre, elle ne perd
qu'une partie de sa lumiere ; ce qui forme alors une Eclipse de Lune partiale plus
ou moins considérable, à proportion que
la Lune entre plus ou moins dans l'ombre
de la Terre.

A l'égard du Soleil, il est rare qu'il
soit totalement éclipsé, parce que son
diametre apparent étant à peu près égal
au diametre apparent de la Lune, il
faut pour rendre l'Eclipse totale que la
Lune & le Soleil se trouvent précisément
au centre du même nœud, ou ce qui est
la même chose, que la Lune se trouve précisément en ligne droite avec le Soleil
& la Terre ; ce qui n'arrive que très-ra-
rement. Alors même l'obscurcissement
ne dure que très-peu, & autant de tems
seulement que les deux centres du Soleil
& de la Lune se trouvent joints ; ce qui ne
peut jamais durer plus de 5 ou 6 minutes.

Les plus grandes Eclipses de Soleil, toutes choses égales, se font quand le Soleil est dans son apogée, c'est-à-dire dans sa plus grande distance à la Terre, parce qu'alors le diamétre de cet Astre paroît le plus petit qu'il soit possible, (ce qui est une suite de son plus grand éloignement;) & de même lorsque la Lune est dans son périgée, c'est-à-dire dans sa plus petite distance à la Terre, parce qu'alors son diametre est le plus grand qu'il soit possible. Car il est bon d'observer en passant, que quoique les mouvemens du Soleil & de la Lune se fassent autour de la Terre comme autour de leur centre commun, du moins en adoptant le systême de Ptolomée, la Terre n'est pas cependant le centre exact des cercles que ces astres décrivent, mais elle est un peu éloignée de ce centre, quoiqu'elle soit dans le même plan; ce qui fait que le Soleil & la Lune sont tantôt plus & tantôt moins éloignés de la Terre suivant les différens tems de l'année, ce que les Astronomes connoissent aisément par le calcul.

Il en est de même des éclipses de Lune; les plus grandes, toutes choses égales, se font lorsque le Soleil est dans

son apogée ou sa plus grande distance
à la Terre, parce qu'alors les rayons du
Soleil qui vont raser le Globe terrestre
étant moins convergens & se réunissant
dans un endroit plus éloigné, l'ombre
de la Terre est la plus large qu'il soit
possible à l'endroit où la Lune la traverse ordinairement : de même lorsque la Lune est dans son périgée, parce
que l'ombre de la Terre allant toujours
en se rétrecissant, la Lune passe dans un
endroit de cette ombre d'autant plus
large qu'elle est plus proche de la Terre.

C'est par cette raison que les Eclipses
totales & centrales de Soleil qui arrivent
dans le tems que le Soleil est dans son
périgée & la Lune dans son apogée, ne
cachent jamais le Soleil entier, & que
dans le plus fort même de l'Eclipse on
voit autour de la Lune un anneau ou
cercle lumineux, qui n'est autre chose que
l'extrémité des bords du Soleil qui exce-
dent le disque de la Lune, & qui débor-
dent tout autour.

Il y a aussi une différence considérable entre les Eclipses totales de Soleil &
les Eclipses totales de Lune ; c'est que
dans celles du Soleil, du moins quand cet
astre est couvert entierement par le dis-

que de la Lune, le Soleil eſt totalement
inviſible & paroît comme un cercle ou
Globe obſcur ; en ſorte que dans les lieux
où paroiſſent ces ſortes d'Eclipſes, l'obſ-
curité eſt ſi grande que l'on ne voit plus
à lire ni à travailler, & que l'on apperçoit
aiſément dans le Ciel les Planetes & les
principales étoiles qui ſont alors ſur l'Horiſon, au lieu que dans les Eclipſes totales
de Lune cette Planete ne devient pas entiérement imperceptible.

Pour entendre ceci, il faut remarquer
qu'il y a deux ſortes d'ombres formées
par la Terre dans ſa partie oppoſée aux
rayons du Soleil ; une ombre véritable,
& une pénombre ou preſque ombre.
Suivant les expériences d'Optique faites
par M. Maraldi en l'année 1723, &
qu'on lit dans les Mémoires de l'Académie des Sciences de cette année, l'ombre d'une boule expoſée au Soleil ſe
termine environ à une diſtance de cent
dix diamétres de cette boule ; mais l'ombre véritable ne s'étend qu'à une diſtance
de quinze ou ſeize diametres : tout le
reſte n'eſt qu'une pénombre.

La longueur de l'ombre de la Terre
formée par le Soleil eſt donc de 110
diametres de la Terre, c'eſt-à-dire de
330 mille lieues, puiſque ce diametre

en vaut environ trois mille. Mais l'ombre véritable de la Terre ne s'étend qu'à 15 ou 16 de ces mêmes diametres, c'est-à-dire à 45 ou 48 mille lieues. C'est pourquoi la Lune qui est beaucoup plus éloignée, & presque du double de cette derniere distance, puisqu'elle est éloignée de la Terre de plus de 80 mille lieues, n'est jamais pendant les Eclipses que dans la pénombre de la Terre, où quelques globules des rayons de lumiere pénetrent des deux côtés du cône à mesure qu'il va en se rétrecissant; ce qui fait que dans les éclipses de Lune, même les plus considérables, la Lune paroît toujours éclairée, mais d'une lumiere foible & pour ainsi dire mourante, qui a fait imaginer tant d'extravagances aux Anciens, & a donné lieu aux erreurs populaires qui se sont établies au sujet des éclipses de Lune.

Les éclipses de Lune sont toujours universelles, c'est-à-dire qu'elles sont vûes de la même maniere, de la même grandeur, & au même instant pour tous les peuples qui peuvent voir la Lune dans ce moment. Ces peuples comptent cependant différentes heures, suivant que les lieux où ils se trouvent sont plus orientaux ou plus occidentaux.

La raison pour laquelle ces sortes d'Eclipses sont les mêmes pour tous les différens peuples de la Terre qui les voient, vient de ce que ces Eclipses ne se forment que quand une partie de la Lune ou la Lune entiere est obscurcie par l'ombre de la Terre, qui dérobe cette Planete, à nos yeux, & l'empêche d'être éclairée par les rayons du Soleil : ainsi cette obscurité doit nécessairement être la même pour tout le monde, parce que ce qui est réellement & en effet obscurci, ne peut paroître aux uns différent de ce qu'il paroît aux autres.

Il n'en est pas de même du Soleil. Il n'est jamais éclipsé à l'égard de tout un même hémisphère. En effet la Lune étant plus petite que la Terre, & son ombre se terminant en pointe, ne peut jamais couvrir qu'une partie du Globe terrestre. Mais à mesure que la Lune avance sous le Soleil par son mouvement particulier, l'ombre de la Lune marche en même tems sur la Terre comme un grand cercle obscur, qui a environ cinquante lieues de diametre, & qui va plus vîte qu'un boulet de canon. Tous les peuples qui se trouvent dans ce grand cercle d'ombre perdent pour quel-

ques momens le Soleil entierement de
vûe: ceux qui se trouvent aux environs
de ce cercle d'ombre voient le Soleil
éclipsé, non pas totalement, mais seulement en partie, plus ou moins suivant
qu'ils sont plus ou moins éloignés du
cercle d'ombre que la Lune projette
sur la Terre; de maniere que ceux qui
sont trop éloignés de ce cercle d'ombre,
c'est-à-dire dans la distance d'environ
mille lieues & au delà, ne voient point
du tout le Soleil éclipsé. Ainsi supposant que dans une éclipse du Soleil
le cône d'ombre qui tombe sur la Terre
y marchât tout le long de la Ligne
équinoxiale, alors tous les peuples qui
habitent de part & d'autre, environ à
25 lieues de l'Equateur, auroient successivement l'Eclipse totale. Ceux qui habitent les deux Tropiques & une partie
des Zones tempérées, verroient le Soleil éclipsé en partie, les uns du côté du
Midi, & les autres du côté du Nord; &
l'Eclipse paroîtroit à leur égard plus ou
moins grande, selon qu'ils seroient plus
ou moins près de la Ligne: enfin ceux
qui seroient dans les Zones froides &
aux environs des Poles, ne verroient
point du tout le Soleil éclipsé.

Mais il arrive rarement que ce cercle d'ombre formé par la Lune tombe sur l'Equateur ; il tombe ordinairement de côté & d'autre, & quelquefois même une partie tombe sur la Terre, & l'autre dans les airs. La partie d'ombre qui tombe sur la Terre n'y forme pas même toujours un cercle, & elle y forme différentes figures le plus souvent elliptiques ou ovales, selon que la projection de cette ombre est plus ou moins oblique, à peu près comme si au Soleil on faisoit courir l'ombre d'une petite boule sur une autre boule plus grosse : car cette ombre y paroîtroit tantôt ronde & tantôt ovale, selon qu'elle tomberoit sur le milieu ou sur les bords de cette boule.

Pour donner encore une idée plus sensible de la maniere dont se font les Eclipses de Soleil, il faut remarquer que si un Observateur étoit placé dans la Lune pendant le tems d'une Eclipse de Soleil, l'ombre de cette Planette lui paroîtroit couvrir une partie du Globe de la Terre, qui seroit à son égard ce que la Lune est par rapport à nous ; & il verroit cette ombre comme un cercle obscur pendant tout le tems de l'Eclipse parcourir succeſſivement la ſurface du Globe terreſtre, qui paroîtroit à ſes yeux environ ſeize fois plus grande que la Lune ne nous paroît ; & ſi l'on ſuppoſe l'Eclipſe totale, le diamétre de l'ombre de la Lune lui paroîtroit occuper environ le quart du diametre ou du diſque de la Terre.

En général les Eclipſes de Soleil ſont plus communes ſur la Terre que les Eclipſes de Lune, mais dans chaque pays en particulier on voit plus d'Eclipſes de Lune que de Soleil ; ce qui vient de ce que l'Eclipſe de Lune eſt vûe en même tems de tous les Peuples qui habitent l'Hémiſphère ſur lequel eſt la Lune pendant l'Eclipſe, au lieu que l'Eclipſe de Soleil ne paroît que dans les endroits de la terre à l'égard deſquels la Lune cache le Soleil, ce qui ne s'étend que ſur une partie de l'Hémiſphère expoſé au Soleil, ainſi que je viens de l'obſerver.

Les Eclipſes de Soleil commencent toujours par la partie occidentale de cet Aſtre. Comme la Lune par ſon mouvement particulier d'Occident en Orient va environ douze fois plus vîte que le Soleil, il eſt évident qu'elle doit le joni-

dre par la partie occidentale de cet Aftre;
c'eft pourquoi l'Eclipfe de Soleil commence, lorfque la partie orientale du difque de la Lune vient à rencontrer la
partie occidentale du difque du Soleil,
& elle finit, quand la partie occidentale
du difque de la Lune quitte la partie
orientale du difque du Soleil. Il en eft
de même du commencement & de la fin
des Eclipfes de Lune ; mais avec cette
différence feulement , qui en eft une
fuite néceffaire, que l'Eclipfe de Lune
commence par la partie orientale de fon
difque , & finit par la partie occidentale
de ce même difque.

Les Eclipfes de Soleil ne durent pas fi
longtems que celles de Lune ; la raifon
en eft bien fimple. Le diamétre de la
Lune qui caufe les Eclipfes de Soleil,
étant beaucoup plus petit que le diamétre de l'ombre de la terre , ainfi que
je l'ai obfervé, c'eft une fuite néceffaire
que les Eclipfes de Soleil durent moins
que celles de Lune. La plus longue Eclipfe de Soleil ne dure pas plus de deux
heures ; le calcul en eft facile. Ce qui
fait la durée des Eclipfes, c'eft le mouvement propre de la Lune d'Occident
en Orient, par lequel elle s'approche

ou s'éloigne du Soleil : car si elle marchoit du même pas que cet Astre, & qu'elle n'allât ni plus vîte ni plus lentement, il est constant qu'ils ne pourroient jamais se rencontrer (en les supposant en différens endroits du Ciel) & que par conséquent il n'y auroit jamais d'Eclipse. Or la Lune parcourant tous les jours environ 13 dégrés de son Cercle, cela fait environ un demi-dégré par heure plus que le Soleil qui ne fait qu'un dégré par jour dans l'Ecliptique ; & comme la grandeur du diamétre apparent du Soleil est d'environ un demi-dégré, suivant tous les Astronomes, c'est-à-dire qu'en supposant le cercle que décrit le Soleil au tems des Equinoxes (qui est un grand cercle) divisé en 360 dégrés ou parties égales, le diamétre du Soleil occupe la moitié d'une de ces parties ou dégrés, il est évident que quand le premier bord de la Lune par lequel commence une Eclipse totale de Soleil, a une fois attrapé le Soleil, ce bord doit être une heure à le traverser, puisque la Lune emploie ce tems à parcourir un demi-dégré par son mouvement particuculter. Mais parce que la Lune a son diamétre apparent à-peu-prés égal à celui

du Soleil, il est constant qu'il faut encore une autre heure pour que l'autre
bord de la Lune quitte le Soleil ; ce qui
fait en tout deux heures. Ainsi lors même
que l'Eclipse du Soleil est la plus longue qu'il soit possible, c'est-à-dire lorsqu'elle est totale, la Lune, pour couvrir
entierement le Soleil, emploie une heure, qui est la moitié de la durée de ces
sortes d'Eclipses ; & pour se retirer de
devant le disque du Soleil, elle emploie
une autre heure.

A l'égard des Eclipses totales de Lune,
elles durent beaucoup plus longtems,
surtout quand elles sont centrales, c'est-
à-dire, quand la Lune traverse l'ombre
de la terre par son milieu. En effet le
diamétre de l'ombre de la Terre qui est
la cause de ces sortes d'Eclipses, est
trois fois plus grand que le diamétre de
la Lune à l'endroit où la Lune traverse
cette ombre, parce que ce cône d'ombre
ayant, ainsi que je l'ai observé, environ
330 mille lieuës de longueur, & sa largeur (qui dans son commencement est
égale au diamétre de la Terre) diminuant
par conséquent d'un quart à la distance
de 80 mille lieuës, qui est la distance de
la Terre à la Lune, il s'ensuit qu'à cette

diſtance le diamétre de l’ombre eſt encore trois fois plus grand que le diamétre de la Lune, qui n’eſt que le quart de celui de la Terre. Or cela étant ainſi, il eſt évident que la Lune dont le diamétre apparent eſt d’environ un demi-dégré, & qui emploie une heure à parcourir cet eſpace du Ciel par ſon mouvement particulier relativement à celui du Soleil, ainſi qu’on vient de le dire, doit être trois heures à traverſer l’ombre de la Terre par ſon centre, & de plus qu’elle doit employer encore une heure entiere à ſe dégager tout-à-fait de cette ombre ; ce qui fait en tout 4 heures. Ainſi les plus longues Eclipſes de Lune peuvent durer juſquà 4 heures. Elles durent moins, ſelon que la Lune paſſe plus ou moins près du centre de l’ombre de la terre, & lorſqu’elle n’y entre que peu, les Eclipſes ne durent gueres ; ce qui a pareillement lieu par rapport aux Eclipſes de Soleil, qui durent plus ou moins, ſelon qu’elles ſont plus ou moins partiales.

Aprés avoir expliqué tout ce qui a rapport aux Eclipſes de Soleil & de Lune, voyons ce qui concerne les autres eſpéces d’Eclipſes.

Quoiqu’on ne connoiſſe guéres dans l’uſage

l'ufage ordinaire de la vie que les Eclipfes de Soleil & de Lune, & qu'à proprement parler, il n'y ait que celles-là
qui ayent été connuës des Anciens, il
eft aifé cependant de concevoir que ce
que la Lune fait par rapport au Soleil,
les autres Planetes inférieures, c'eft-à-
dire celles qui font entre le Soleil & la
Terre, peuvent le faire auffi, puifque
ce font des Corps opaques comme la
Lune. Ces Planetes inférieures, qui font
Vénus & Mercure, en tournant autour
du Soleil, (car il eft conftant par des
obfervations fouvent réitérées, qu'elles
tournent autour de cet Aftre, & non
point autour de la Terre, comme l'ont
crû les Anciens,) éprouvent les mêmes
Phafes que la Lune ; c'eft-à-dire, que
quand elles font au-deffus du Soleil par
rapport à la Terre, alors elles font éclai-
rées par cet Aftre dans la moitié de leur
difque qui eft tournée vers la Terre, &
peuvent en quelque forte être regardées
comme pleines à notre égard, ainfi que
la Lune; & au contraire quand elles font
dans la partie inférieure de leur cercle,
c'eft-à-dire, entre le Soleil & la Terre,
alors comme la partie éclairée de leur
difque regarde le Soleil, nous ne les

L

voyons point pendant ce tems, & elles peuvent être dites en quelque sorte nouvelles par rapport à nous. Il en est de même de leurs autrres Phases ; ce qui se trouve continuellemeut vérifié par ceux qui observent le Ciel. Cela posé, il est facile de s'imaginer que les mêmes choses qui arrivent à l'égard de la Lune par rapport au Soleil, & qui causent les Eclipses de Soleil, doivent pareillement arriver à l'égard des Planetes inférieures. Lors donc, par exemple, que Vénus se trouvera au-dessous du Soleil précisément en ligne droite avec cet Astre & la Terre, il est évident que cette Planete nous paroîtra être dans le Soleil. Elle ne causera pas à la vérité une Eclipse de cet Astre, à cause de la petitesse de son diamétre apparent, qui est trente fois plus petit que celui du Soleil ; mais elle nous en cachera seulement une partie, & nous paroîtra comme une tache noire dans le disque du Soleil : il en est de même de Mercure. Ces sortes d'Eclipses, ou plutôt de conjonctions (pour me servir du terme des Astronomes) sont une des choses les plus importantes qu'il y ait en Astronomie, puisque c'est de ces sortes d'obſervations , & principalement de celles de Vénus , qu'on peut mieux que de toutes autres déterminer la diſtance du Soleil & celle des autres Planetes. Mais malheureuſement pour la ſcience des aſtres ces conjonctions ſont très-rares , & principalement celles de Vénus qui n'arrivent gueres qu'une fois en cent ans l'une dans l'autre. En effet, ſuivant les ſupputations de M. Halley, rapportées par M. Wiſton dans ſon livre intitulé *Prælectiones Aſtronomicæ*, &c. depuis l'année du monde 918 , juſqu'aujourd'hui 1755, il n'y en a eu en tout que neuf , dont la derniere eſt arrivée en 1639. Nous n'avons même depuis la création du monde qu'une ſeule obſervation de la conjonction de cette Planete, dont nous avons l'obligation à Horoccius, jeune Aſtronome Anglois, dont l'Aſtronomie regrette tous les jours la perte; c'eſt celle qui arriva le 24 Novembre de l'année 1639. (*a*) Depuis ce tems là il n'y en a point eu ; mais il y en aura une célébre dans ſix ans d'ici,

(*a*) Suivant la maniere de compter qui étoit alors en uſage en Angleterre , & qui répond au 4 Décembre de la même année.

qui doit nous dédommager en partie
du défaut dés obfervations qui nous
manquent à cet égard. Les Aftronomes
l'attendent avec empreffement, & il eft
à fouhaiter que des nuages hors de fai-
fon ne leur faffent pas perdre tout le
fruit de leur attente. Au refte nous ne devons pas douter que le Roi toujours zélé
pour l'avancement des Sciences, n'envoie alors des Aftronomes en différens
endroits du Royaume, & peut-être du
monde, pour ne pas manquer une obfervation fi importante, afin que fi elle ne
peut être faite dans un endroit, elle
puiffe l'être dans un autre. Cette Eclipfe
ou conjonction de Vénus doit arriver
le 6 Juin 1761, & commencera à
Londres fur les fix heures du matin,
fuivant le calcul de M. Halley.

Les conjonctions de Mercure font
beaucoup plus fréquentes, & elles arrivent communément tous les cinq ou fix
ans ; mais elles ne font pas à beaucoup
près d'un fi grand fecours en Aftronomie que celles de Vénus. La derniere
qui a paru eft arrivée le 5 Mai 1753,
& la premiere qui arrivera fera le 6 Novembre 1756, fuivant le calcul du
même M. Halley.

Il est inutile d'obferver que ces deux Planetes inférieures, Vénus & Mercure, ne peuvent jamais être éclipfées par l'ombre de la Terre ; ce qui eft évident, puifque la Terre ne peut jamais fe trouver entre le Soleil & ces Planetes.

Pour déterminer l'inftant précis des conjonctions ou immerfions de Vénus & de Mercure dans le Soleil, il faut connoître exactement la groffeur de ces Planetes, & leur diftance au Soleil & à la Terre. Il faut auffi connoître le tems de leurs révolutions, & l'angle ou inclinaifon de leurs cercles particuliers fur l'Ecliptique, auffi bien que l'endroit du Ciel où font leurs nœuds, c'eft-à-dire les points d'interfection de leurs cercles avec celui de l'Ecliptique. Par le moyen de ces élemens, il fera facile de trouver ce que l'on cherche, de la même maniere qu'on le pratique pour les éclipfes de Soleil & de Lune.

A l'égard des trois Planetes fupérieures, qui font Saturne, Jupiter & Mars, elles ne peuvent jamais former d'Eclipfes. En effet comme elles font toujours plus éloignées de la Terre que le Soleil, il eft évident qu'elles ne peuvent jamais fe trouver entre le Soleil &

la Terre , & nous cacher une partie de la lumiere de cet astre. Elles
ne peuvent aussi être éclipsées par l'ombre du Globe terrestre : car elles sont
trop éloignées de la Terre pour que cette
ombre puisse atteindre ces Planetes,
dont la moins éloignée qui est Mars ,
est distante de la Terre de douze millions de lieues dans son plus petit éloignement.

Les éclipses des Satellites de Jupiter &
de Saturne sont aussi une des parties
les plus curieuses de l'Astronomie , &
c'est aux Astronomes modernes qu'on
doit entiérement l'honneur de cette découverte. Ces deux Planetes tournent
autour de la Terre , ou plutôt du Soleil, la premiere en 12 ans, la seconde en
30 ans. Comme nous avons notre Lune
pour nous éclairer pendant la nuit , de
même Jupiter en a quatre , & Saturne
cinq ; c'est ce qu'on appelle leurs Satellites. Les quatre Satellites de Jupiter
tournent autour de cette Planete en différens tems , selon qu'ils sont plus ou
moins éloignés d'elle. Celui qui en est
le plus proche , tourne autour de Jupiter en un jour 18 heures 29 minutes ;
celui qui le suit emploie trois jours &

demi à faire son tour, & ainsi des autres.
Il en est de même à proportion des Satellites de Saturne. Ces Satellites, tant ceux
de Jupiter que ceux de Saturne, tournant régulierement autour de leur Planete, il est aisé de concevoir qu'il arrivera la même chose à leur égard, qu'il
arrive à l'égard de la Lune, qu'on peut
regarder comme notre Satellite. Ainsi
quand, par exemple, un des Satellites
de Jupiter se trouvera précisément en
ligne droite entre cette Planete & le Soleil, alors il nous cachera une partie du
disque de Jupiter, qui par conséquent
ne sera point éclairée du Soleil ; & les
Astronomes ont le plaisir de voir pendant ce tems-là avec de longues lunettes
comme une petite tache noire qui traverse tout le disque de Jupiter, & y
produit le même effet que la Lune produit sur notre Terre quand elle nous
cache le Soleil, & que son ombre la
parcourt.

De même quand Jupiter se trouve
en ligne droite entre le Soleil & quelqu'un de ses Satellites, ce Satellite entre
dans l'ombre de Jupiter, & y demeure
quelque tems caché jusqu'à ce qu'il ait
traversé cette ombre, après quoi il re-

paroît, comme notre Lune lorsqu'elle se dégage de l'ombre de la Terre. Il y a seulement cette différence entre les éclipses des Satellites de Jupiter & celles de notre Lune, que celles de ces Satellites sont beaucoup plus fréquentes que celles de Lune ne le sont parmi nous, tant à cause qu'ils sont en plus grand nombre, que parce que leurs révolutions sont beaucoup plus fréquentes, puisque le quatriéme Satellite, qui est le plus éloigné de Jupiter & qui tourne le plus lentement, n'emploie qu'environ 17 jours à tourner autour de cette Planete.

Ce que je viens de dire des Satellites de Jupiter, peut également s'appliquer à ceux de Saturne, & ce sont les mêmes regles.

Pour sçavoir l'instant précis de ces sortes d'Eclipses ainsi que leur durée, il faut employer à peu près les mêmes élemens que pour les éclipses de Soleil & de Lune ; c'est-à-dire qu'il faut connoître exactement les révolutions des Satellites de Jupiter & de Saturne, l'angle ou inclinaison de leurs cercles particuliers & la situation de leurs nœuds, leur parallaxe & leur distance à la Planette autour de laquelle ils tournent. Il faut de plus fçavoir quelle eft la diftance de Jupiter & de Saturne au Soleil & à la Terre, la groffeur de ces deux Planetes, la longueur & la largeur de leurs cônes d'ombre formés par les rayons du Soleil. Par le moyen de ces connoiffances il fera facile de rapporter toutes ces chofes aux heures, minutes & fecondes de tems qui leur correfpondent, & de déterminer exactement le moment précis des Eclipfes de ces petites Planetes, à peu près de la même maniere qu'on détermine celles du Soleil & de la Lune.

Il ne me refte plus à parler maintenant que des éclipfes des étoiles fixes par la Lune, afin de n'avoir plus rien à defirer fur cette matiere. Ces éclipfes fe font lorfque la Lune vient à paffer au-deffous de quelque étoile, & la cache à nos yeux. Comme cette Planete parcourt fucceffivement les douze Signes du Zodiaque, & qu'elle décrit continuellement dans le Ciel un cercle d'un demi-dégré de largeur, à caufe de la largeur du diamétre de cet aftre qui eft de cette même quantité, il eft conftant que toutes les Etoiles qui fe trouvent à fon paffage, doivent être éclipfées

L v

par elle, & que ces étoiles restent cachées jusqu'à ce que la Lune après les avoir traversées, les laisse reparoître de nouveau. Les plus longues de ces Eclipses durent environ une heure, qui est le tems que la Lune qui parcourt par chaque heure un demi-dégré ou la largeur de son diamétre, emploie à les traverser. Mais le plus souvent elles durent moins, suivant qu'elles rencontrent la Lune plus ou moins près de son centre.

.Ces sortes d'Eclipses sont aisées à prédire. Il suffit pour cela de sçavoir à quel endroit du Ciel la Lune se trouve successivement à chaque instant de la nuit, dans quelle Constellation, & à quel dégré. Car comme on sçait exactement la situation de chaque Etoile dans le Ciel, il est facile par ce moyen de sçavoir celles qui seront cachées par la Lune dans sa course, & à quelle heure elles le seront. Et comme la Lune ne parcourt jamais qu'un certain endroit du Ciel, sçavoir environ cinq dégrés de part & d'autre de l'Ecliptique, il est constant aussi qu'il n'y a que les Etoiles qui sont à cette distance de l'Ecliptique, qui peuvent être éclipsées par la Lune.

Les éclipfes de Lune & celles des Satellites de Jupiter font extrêmement
utiles dans la Géographie pour trouver
les Longitudes, c'eft-à-dire pour placer
fur le Globe terreftre les Villes & autres endroits de la Terre qui convien-
nent à leur fituation, & au point précis
où elles doivent être fur le Globe terre-
tre, lorfque d'ailleurs on connoît la Latitude de ces mêmes lieux. Voici la maniere dont cela fe pratique.

Le Soleil tourne autour de la Terre d'O-
rient en Occident : il fe leve à chaque inftant pour certains Peuples, & fe
couche auffi à chaque inftant pour d'autres ; & comme il traverfe fucceffivement
tous les méridiens du Ciel, tous les
Peuples qui font fous ces méridiens ont
auffi fucceffivement l'heure de midi.
Ainfi les peuples qui font à l'Orient de
Paris ont midi avant cette Ville, & ceux
qui font à l'Occident de cette même
Ville ne l'ont qu'après. Or comme le
Soleil parcourt à chaque heure quinze dégrés du cercle qu'il décrit toutes les 24
heures, & que ces quinze dégrés répondent fur la Terre à un même nombre de dégrés mefurés fur l'Equateur
ou fur un des paralleles, il eft évident

que les Peuples qui ont midi une heure
plutôt que Paris, font plus à l'Orient
que cette Ville de quinze dégrés. Une
autre vérité conftante & qui a été établie ci-deffus, c'eft que les éclipfes de
Lune font les mêmes pour tous les Peuples de la Terre, & qu'elles commencent & finiffent dans le même inftant.
Il en eft de même des éclipfes des Satellites de Jupiter & de Saturne, à caufe
de la grande diftance de ces Planetes
à la Terre.

Cela fuppofé, fi une perfonne, par le
moyen d'une pendule à fecondes exactement réglée fur le Soleil, a obfervé à
Lyon qu'une éclipfe de Lune ou d'un Satellite de Jupiter a commencé, par exemple, à 10 heures précifes du foir, &
qu'une autre perfonne ait obfervé que cette Eclipfe a commencé à Paris à 9 heures
50 minutes 21 fecondes, il fera aifé
d'en conclure qu'il eft plutôt midi à Lyon
qu'à Paris de 9 minutes 39 fecondes,
& par conféquent que la Ville de Lyon
eft plus orientale que celle de Paris de
deux dégrés 25 minutes (à raifon de 15
dégrés par heure ;) ce qui avec la Latitude ou hauteur du pole qui eft à Lyon
de 45 dégrés 45 minutes 20 fecon-

des, donne la pofition exacte de cette Ville fur le Globe terreftre. C'eft ainfi que par des obfervations exactes & réitérées, on a découvert que les anciennes Cartes étoient défectueufes, & que la Chine étoit de plus de 500 lieues moins éloignée de nous que les Anciens ne le penfoient. C'eft auffi par le fecours de ces mêmes obfervations, qu'il eft facile aux Pilotes qui font fur la mer d'affigner précifément l'endroit du Globe ou eft leur Vaiffeau.

Les éclipfes des Satellites de Jupiter font les plus commodes & les plus utiles pour la détermination des Longitudes, qui fe reglent par cette méthode avec beaucoup plus de précifion que par les éclipfes de Lune. En effet il eft bien plus aifé de diftinguer le commencement ou la fin des Eclipfes que forment ces Satellites, que ceux où la Lune commence à rencontrer ou à quitter l'ombre de la Terre, dont le terme ne fe diftingue pas facilement de la pénombre, inconvénient qui n'a pas lieu dans les obfervations qu'on fait des éclipfes des Satellites. C'eft à l'Illuftre M. Caffini le Pere, que l'on doit cette nouvelle maniére de déterminer les Longitudes ; & quand l'Astronomie ne lui auroit que cette seule obligation, cela suffiroit pour rendre à jamais son nom immortel. Il faut cependant observer, qu'on ne doit attendre une précision exacte de cette nouvelle méthode, que par rapport au premier Satellite de Jupiter, le tems des éclipses des autres Satellites n'étant point encore réglé jusqu'à présent avec assez de certitude pour pouvoir compter sur leurs observations.

Les éclipses des Etoiles fixes par la Lune étant assez fréquentes, peuvent aussi être utiles pour la détermination des Longitudes. M. Cassini le fils, Auteur de cette découverte, en a fait voir les avantages dans un Mémoire qu'il a donné là-dessus à l'Académie des Sciences de Paris en l'année 1704, & qui se trouve imprimé dans les Mémoires de l'Académie de l'année 1705. Mais il faut convenir que l'avantage qu'on tire de cette méthode, est beaucoup au-dessous de celui que procurent les éclipses des Satellites de Jupiter.

La Chronologie & l'Histoire ne tirent pas moins de secours des Eclipses, du moins de celles de Soleil & de Lune qui étoient les seules connues des Anciens, qu'en tire la Géographie. Lorsque d'anciens Auteurs ont eu l'attention de fixer le tems de quelque époque remarquable, comme d'une bataille, d'une fondation de Ville, de la mort d'un Prince ou de quelqu'autre évenement, par une Eclipse bien circonstanciée qui sera arrivée le même jour ou quelques jours devant ou après, il est facile de sçavoir dans quelle année & quel jour ces actions sont arrivées. Car depuis le commencement du monde jusqu'à présent, il n'y a peut-être pas eu deux Eclipses semblables dans toutes leurs circonstances. Les Eclipses sont comme des points fixes dans l'ordre des tems, qui procurent à peu-près les mêmes secours aux Historiens, que les observations des hauteurs du Soleil procurent à ceux qui voyagent sur mer : elles servent à redresser ceux-ci, & à leur faire voir l'endroit du monde où ils sont, en comparant ces hauteurs avec d'autres circonstances. C'est ainsi que Calvisius, le Pere Petau, M. Neuton & plusieurs autres sçavans Chronologistes, se sont servis heureusement & avec succès des anciennes observations d'Eclipses pour régler la Chronologie.

De tout ce que je viens de dire, & de tout ce qui se passe tous les jours à nos yeux, on doit se former une idée avantageuse de la Science qui enseigne à prédire les Eclipses ; & l'on ne peut gueres s'empêcher de concevoir l'estime la plus favorable pour ceux qui ont établi les régles de cette Science, qui assurément mérite toute notre admiration. Ne craignons point de le dire avec un des plus grands Poëtes de l'Antiquité : » Heureux les mortels qui ont » été favorisés les premiers de ces con- » noissances, & qui ont osé pénétrer » dans les demeures des Dieux ! (a)

N'est-ce pas en effet un art presque divin, que celui qui nous apprend à connoître avec l'exactitude & la précision la plus parfaite, tout ce qui a rapport à des Phénoménes dont il ne reste aucune trace dans le Ciel, & à établir là-dessus des régles si certaines, qu'il n'y

(a) *Felices animæ, quibus hæc cognoscere primùm,*
Inque domos superas scandere cura fuit !
(Ovid. lib. 1. Fast. v. 297.)

a eu jusqu'ici & qu'il n'y aura dans la suite des tems aucune Eclipse, dont les Astronomes ne puissent assigner l'instant de son commencement & de sa fin, sa grandeur & sa durée. C'est cet heureux talent que Virgile souhaitoit avec tant d'ardeur de posséder, lorsque dans l'enthousiasme du beau feu qui l'animoit, il adresse cette priére aux Muses, & leur demande avec instance qu'elles lui accordent cette faveur :

Me verò primùm dulces ante omnia Musæ,
Quarum sacra fero ingenti perculsus amore,
Accipiant, cælique vias & sidera monstrent,
Defectus Solis varios, lunæque labores.

C'est donc avec beaucoup de raison, que Platon (*a*) pense que les hommes ne seroient jamais parvenus à ces connoissances, si Dieu ne les y eût conduits ; & il ne faut pas s'étonner si autrefois Denis le Tyran faisoit présent d'un talent, qui répond aujourd'hui à mille écus de notre monnoie, à un certain Cizicin d'Athènes, pour chaque Eclipse qu'il lui

(*a*) Platon *in Epinomide.*

prédifoit ; & fi encore dans le fiécle paffé, le Roi de la Cochinchine donnoit une terre à fon Mathématicien, pour une pareille découverte. Finiffons cet éloge, auquel je craindrois que mon amour & mon goût pour cette Science ne me fît arrêter trop long-tems, par ces paroles de Pline le Naturalifte, (a) où après avoir donné des louanges à Thalès, à Sulpicius Gallus & à Hipparque, qui avoit prédit les éclipfes de Soleil & de Lune pour le rems de fix cens ans, il s'écrie en ces termes: » O hommes illuftres, & qui » êtes au-deffus de la condition ordi- » naire des mortels, puifque vous avez » découvert les loix des Dieux tout-puif- » fans, continuez d'être les interprètes » du Ciel, & de connoître les caufes de » la nature par la force de votre efprit, » qui vous éleve au-deffus des autres » hommes & des Dieux-mêmes. *Viri ingentes, fupraque mortalium naturam, tantorum numinum lege deprœhenfâ . . .*

____

(a) Liv. 1. ch. 12.

*macti ingenio estote, cœli interpretes, rerum-
que naturæ capaces, quo Deos hominesque
vicistis.*

FIN.

TABLE
ALPHABETIQUE
DES MATIERES.

A.

O

P

R

S

M

T

Fin de la Table des Matieres.

De l'Imprimerie de la Veuve DELATOUR,
rue de la Harpe.